# Gärten für Einsteiger

## Ursula Braun-Bernhart

### Unter Mitarbeit von Heide Günther

## Kosmos

## Basics – von der Planung bis zur Pflege

## Die schönsten Gartenideen zum Nachmachen

## Die wichtigsten Pflanzen im Porträt

# Basics –
# von der Planung
# bis zur Pflege

# Planen Sie Ihren Garten Schritt für Schritt

Steht der Plan, können Sie die baulichen Maßnahmen ausführen: Wege, Pflasterungen, Stufen, Teich. Überprüfen Sie die Bodenqualität (ideal wäre eine Bodenanalyse). Sorgen Sie je nach Beschaffenheit für Abhilfe, sei es durch Gründüngung oder bei starker Verdichtung durch Kartoffelanbau. Nach der Ernte haben Sie eine wunderbar lockere Erde. Pflanzen Sie zuerst Bäume und Sträucher. Bei wenig Erfahrung sollten Sie einen Profi zu Hilfe nehmen. Nach Absprache übernimmt diese Arbeit gegen Aufpreis die Baumschule, die die Gehölze liefert. Der Fachmann

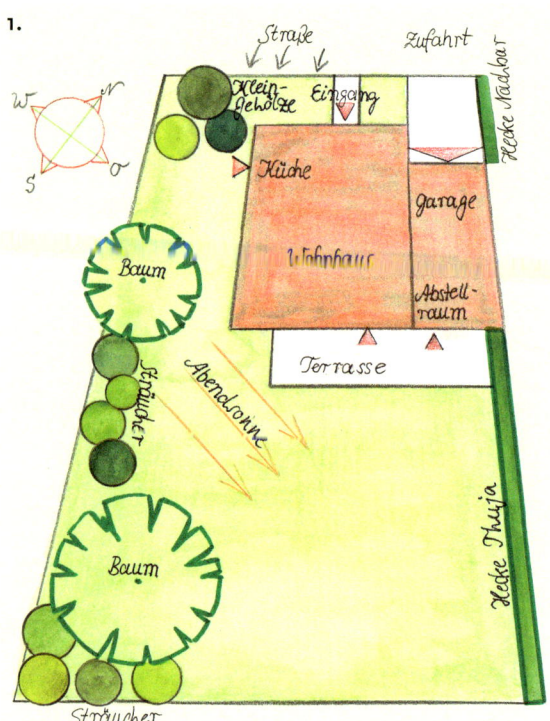

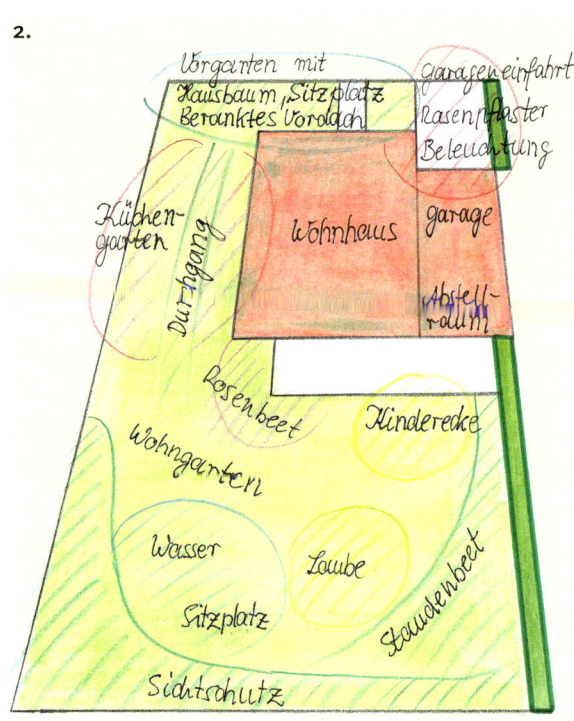

**1. ZUNÄCHST IST ES WICHTIG, EINEN BESTANDSPLAN ZU ERSTELLEN** Dazu das Grundstück, so wie es jetzt ist, im Maßstab 1:50 oder 1:100 genau skizzieren. Entsprechendes Millimeter- und Pergament-Papier gibt's im Fachgeschäft. Übertragen Sie die Grundstücksgrenzen, das Haus mit Balkon, alle Nebengebäude, die Terrasse sowie Bäume und Sträucher. Wichtig sind auch die Zugänge zum Haus und zum Garten. Und natürlich eventuelle Höhenunterschiede sowie die Lage des Grundstücks mit Angabe der Himmelsrichtungen.

**2. GRUNDSTÜCK IN BEREICHE AUFTEILEN** Nun die gesamte Fläche grob in die gewünschten Bereiche einteilen. Wobei Kräuter- und Gemüsebeete natürlich in Küchennähe sein sollten. Beim Sitzplatz ist es wichtig, dass er geschützt liegt und möglichst nicht direkt an einer Grundstücksgrenze an der Straße, denn hier könnte es laut werden. Die Kinderecke gehört in Sitzplatz- oder Terrassennähe, so haben Sie die Kleinen stets gut im Blick. Es sollte ein ausgewogenes Verhältnis zwischen offenen und nutzbaren Bereichen entstehen.

## BAUERNGARTENBEET

**Typisches Spätsommerbild in der Gemüse-Ecke: Kohlgemüse, Salate, Levkojen, Dahlien und andere Blumen wachsen wild durcheinander.**

wird die Pflanzerde mit Dünger aufbereiten und pflanzt mit Ihnen gemeinsam. Die meisten Gehölze bekommen einen Stützpfahl. Legen Sie im Anschluss den Rasen und die Beete an.

3.

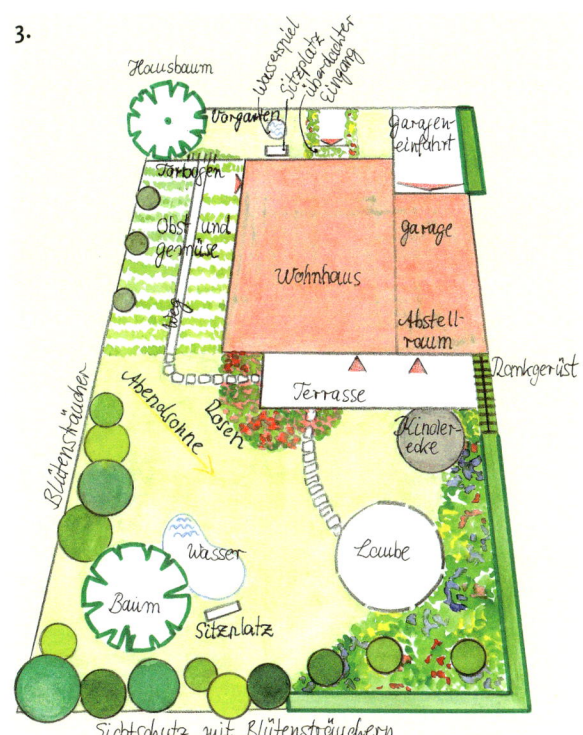

4.

### 3. EINZELNE BEETE FESTLEGEN, FORMEN UND MATERIALIEN BESTIMMEN

Wenn die Aufteilung feststeht, geht es darum zu entscheiden, wo alte Bestände übernommen werden und neue Bäume, Sträucher, Rosen und Stauden hinkommen. Die Wege werden abgesteckt und der Bodenbelag ausgewählt. Entscheiden Sie, ob Rankgitter und Rosenbogen aus Metall oder Holz sein sollen und der Gartenzaun aus pflegeleichtem verzinktem Metall oder ebenfalls aus Holz? Ausschlaggebend sollte sein, dass alle Materialien miteinander harmonieren.

### 4. IST DAS NICHT EIN TRAUMGARTEN?

Etwa drei, vier Jahre nach der Neuanlage könnte der Garten so prachtvoll aussehen – ein Paradies zum Wohlfühlen und Entspannen. Besonders gut gelungen ist die wechselhafte Umgrenzung des Grundstücks, mal blickdicht, mal offen; perfekt die Bank am Teich und das Staudenbeet an der Laube sowie üppige, ineinanderfließende Rosenbeete an der Terrasse. Damit der Garten so vorbildlich bleibt: Regelmäßig Unkraut entfernen, Boden lockern, Verblühtes abschneiden und jährlich die Gehölze zurückschneiden.

# Diese Geräte-Basics brauchen Sie für Ihren Garten

**WICHTIG** (von links): Rasenmäher, Gartenschlauch, Gießkanne, Astsäge, Heckenschere, Grabegabel, Handschaufel, Gartenrechen, Grubber, Schaufel, Spaten, Hacken in zwei Breiten, Reisigbesen, Fächerrechen, Schubkarre.

## WELCHES GARTENGERÄT FÜR WELCHEN ZWECK?

▸ **Spaten** zum Ausheben von Pflanzlöchern und zum Umstechen der Erde. Gerades Stahlblatt; fester Stiel aus Holz oder variabel aus Kunststoff; Länge für kleinere Menschen 80 cm, für große 90 cm; Griff in D- oder T-Form.

▸ **Grabegabel** mit 4 cm breiten Zinken und kurzem Stiel zum Umstechen steiniger, schwerer oder mit Wurzelunkräutern durchsetzter Böden.

▸ **Handschaufel** mit Holz- oder Kunststoffgriff – auch ganz aus Metall – zum Ausheben kleiner Pflanzlöcher und Bepflanzen von Gefäßen.

▸ **Grubber** mit drei gekrümmten Zinken und langem Stiel zum Bodenlockern.

▸ **Schaufel** mit gebogenem Blatt und langem Stiel für Erde, Sand, Kompost.

▸ **Hacke** mit langem Stiel zum Erdeauflockern und Entfernen von Gras.

▸ **Gartenrechen** aus Stahl mit langem Stiel zum Harken von Kieswegen.

▸ **Fächerrechen** mit strahlenförmigen Federstahlzinken für Laub, Rasenschnitt und Moos.

▸ **Kunststoff- oder Reisigbesen** zum Fegen befestigter Flächen.

Achten Sie auf Qualität, solide Verarbeitung und Sicherheitsnormen. Natürlich muss der Preis stimmen, aber billige Geräte sind auf Dauer die teuersten. Spaten- und Schaufelblatt, Grabegabel und Rechen sollten aus Stahl und aus einem Stück gefertigt sein; Schweißnähte und Nieten sind Schwachstellen. Bei Grubber, Hacke, Harke, Schaufel und Besen muss der Stiel so lang sein, dass man mit durchgestrecktem Rücken arbeiten kann. Dagegen sollten Spaten und Grabgabel einen kurzen, der Körpergröße angepassten Stiel haben.

## Das wichtigste Gartengerät

Ohne gute Gartenschere geht nichts. Die Scherenklingen sollten aus rostfreiem Stahl und so scharf sein, dass die Schnittflächen glatt sind und nie ausgefranst oder gequetscht werden. Für Obst- und Ziergehölze benötigt man eine kräftige Gartenschere von 20 cm Länge; für Rosen, Blumen und Kräuter genügt eine Rosen- oder Blumenschere mit 17 bis 18 cm Länge.

Scheren der neuen Generation sind teflonbeschichtet und mit Kräfte sparenden Mechanismen ausgestattet, was auch für Spezialmodelle wie Ast- und Heckenscheren gilt.

## Noch mehr schneidige Typen

Zierrasen ist nur schön, wenn er regelmäßig getrimmt wird. Wählen Sie den Rasenmäher nach der Rasengröße aus (Angaben dazu vom Geräthersteller). Für kleine und mittlere Flächen eignen sich Hand-, Spindel- oder Elektromäher. Leistungsstarke Benzinmäher sind für schwieriges Gelände und große Rasenflächen ideal. Sehr praktisch ist ein Grasfangkorb oder -sack, der den Rasenschnitt sammelt.

## Transporte aller Art

Fahrbare Transportgeräte gibt es in verschiedenen Formen und Größen. Am gängigsten ist die einrädrige Schubkarre mit einer Wanne aus Stahlblech oder Kunststoff und 50 oder 70 Litern Fassungsvolumen. Wichtig: Bei beladener Karre soll die Hauptlast auf dem gummibereiften Rad liegen; so verringert sich das Gewicht, das Sie schieben müssen und Ihr Rücken wird geschont.

**KRÄFTESCHONEND** Die zweischneidige Heckenschere besitzt lange Griffe für beidhändiges Arbeiten. Hin und wieder reinigen!

**GARTENSCHERE** Die Amboss-Schere ist ein Kraftprotz und für fast alle Schneidarbeiten geeignet.

## Wasser marsch

In einem kleinen Garten sind Gießkannen von 8 bis 10 Litern am zweckmäßigsten. Schwer, aber langlebig ist verzinktes Metall. Lackiertes Blech rostet leicht, Kunststoff-Kannen sind Leichtgewichte. Ein großlöcheriger Brausekopf, durch den das Wasser schnell aus der Kanne läuft, spart Zeit. Eine gute Alternative stellt das Bewässern mit einem Gartenschlauch aus hochwertigem Gummi oder Kunststoff sowie verstellbarer Düse dar. Ideale Länge: vom Wasseranschluss bis zur am weitesten entfernten Gartenecke. Nach Gebrauch sollten Sie den Schlauch aufrollen und an einem schattigen Ort aufbewahren.

**KOMPOSTIEREN** Pflanzenabfälle, Laub, gehäckselte Zweige und Rasenschnitt sind zu schade für die Mülltonne. Sie verwandeln sich in wertvollen Humus: auf dem Komposthaufen (hier drei Modelle) oder in der Komposttonne (hier zwei Ausführungen).

# Saatgut und Pflanzen haben ihren Preis

Sobald die Planung für den Garten steht, sollten Sie eine Checkliste machen, was Sie alles brauchen. Oder besser gesagt, wie viel Geld Sie dafür ausgeben können und wollen. Garten-Neulinge haben in der Regel weder Gartengeräte noch einen Schlauch oder einen Komposter. Für eine Grundausstattung (ohne Rasenmäher, Häcksler und Schubkarre) sollten Sie mindestens 200 € einplanen. Einkaufsquellen: Gartencenter, Baumärkte und Warengenossenschaften. Hier gibt es auch Erden, Dünger, Bodenverbesserer und Pflanzenschutzmittel.

## Saatgut

Ob Gemüse, Kräuter oder Blumen – mit etwas Fingerspitzengefühl und Zeit kann man Pflan-

**BERATUNG HAT VORTEILE**
Beim Einkauf im Fachgeschäft, zum Beispiel beim Staudengärtner oder in der Baumschule, wird man in der Regel gut beraten.

zen auch gut selbst heranziehen. Anfänger sollten mit einjährigen Sommerblumen starten. Viele können direkt ins Beet ausgesät werden, beispielsweise Sonnen- oder Ringelblumen. Einkaufsquellen: Gartencenter, Gärtnereien, oft auch der Supermarkt und Gartenversandhäuser.

## Einjährige Jungpflanzen

Gemüse, Salate, Tomaten, Paprika, Sommerblumen sowie die gängigsten Kräuter gibt es je nach Witterung schon ab April. Am preiswertesten sind gut bewurzelte Setzlinge ohne Wurzelballen. Einkaufsquellen: Gärtnereibetriebe vor Ort, Wochenmärkte, Gartencenter.

**QUALITÄT ZAHLT SICH AUS** Eine Hänge-Erdbeere in dieser Größe hat zwar einen stolzen Preis, dafür hat man aber vom Frühjahr bis in den Herbst fast ohne Unterbrechung etwas zu naschen.

## Stauden

Die mehrjährig wachsenden Pflanzen gibt es hauptsächlich in Töpfen mit einem Durchmesser von 9 bis 14 cm. Je größer der Topf und somit der Ballendurchmesser, umso teurer ist in der Regel die Pflanze. Beim Kauf sollten Sie darauf achten, dass die Pflanze ein Namensetikett hat. Qualitätsware hat einen gut durchwurzelten Erdballen, der beim Austopfen nicht auseinander fällt. Einkaufsquellen: Das größte Sortiment haben Staudengärtnereien. Einige haben sehr informative Kataloge (Schutzgebühr) und versenden auch Pflanzen. Stauden gibt es außerdem in Gärtnereien, Gartencentern sowie im Versandhandel.

## Duft-, Würz- und Heilkräuter

Gängige Mehrjährige gibt es beim Staudengärtner. Weitere Einkaufsquellen: Das größte Sortiment haben Kräuter-Fachbetriebe; die meisten versenden auch. Wenn kein Kräuterbetrieb in Ihrer Nähe ist, besorgen Sie sich einen Katalog (kostet meist ein paar Euro Schutzgebühr). Was durchaus angemessen ist, denn sie vermitteln neben Fachwissen zusätzlich auch Insider-Infos. Außerdem: Wochenmärkte, Gärtnereien und Gartencenter.

## Obst- und Ziergehölze

Vom Apfelbaum bis zur Zwerg-Mispel: Qualität zahlt sich aus. Denn Bäume bestimmen nicht nur das Bild eines Gartens, sie sollen auch noch die nächste Generation erfreuen. Einkaufsquelle: Besonders empfehlenswert sind natürlich Marken-Baumschulen, denn bei ihnen darf man hohe Qualitätskriterien erwarten. Und: Gartencenter sowie Gartenversandhäuser.

**PREISWERT** Wer einen großen Bedarf an Salaten, Gemüsen oder Blumen hat, zieht sich die Setzlinge selbst. Legen Sie jedoch mehr Wert auf Vielfalt, kaufen Sie besser beim Gemüsegärtner ein.

## Kübelpflanzen

Auch hier zahlt sich Qualität aus. Kaufen Sie nur Pflanzen mit gesundem Aussehen. Einkaufsquellen: Das ausgefallenste Sortiment gibt es in Spezialbetrieben, doch Kübelpflanzengärtnereien sind rar. Aber auch Gartencenter oder der Gartenversandhandel sind sehr gut bestückt und bieten oft Sonderaktionen mit Preisvorteil.

## Rosen

Preiswerte wurzelnackte Pflanzen gibt es jeweils zur Pflanzzeit im Frühjahr und Herbst, Containerware das ganze Jahr über. Einkaufsquellen: Rosenschulen, gut sortierte Marken-Baumschulen, große Gärtnereien, Gartencenter sowie der Gartenversandhandel. Info-Adressen finden Sie am Ende dieses Buches.

### GEDULD ZAHLT SICH AUS

Wer beim Staudenkauf Geld sparen möchte, verschiebt den Einkauf auf September. Dann gibt es landauf, landab so genannte Pflanzentauschbörsen. Hier bieten private Pflanzenliebhaber geteilte Wurzelstöcke und überzählige Pflanzen günstig an; darunter auch Raritäten. Die Termine stehen in der Tagespresse.

# Viele Jungpflanzen können Sie selbst ziehen

AUSSÄEN MACHT SPASS  Dank professioneller Aussaathilfen und hervorragendem Saatgut kann kaum noch etwas schief gehen. Außer, Sie vergessen das Gießen!

Sie auf der Samentüte. Bei Salat können Sie sich auch je nach Bedarf zwei oder drei Salatsorten kaufen, die Portionen dritteln oder vierteln und diese im zweiwöchigen Rhythmus heranziehen. Praktisch sind auch Saatbänder (nur mit Erde bedecken).

## Aussaat auf der Fensterbank

Hierfür benötigen Sie Aussaatschalen aus Kunststoff oder Eierkartons. Diese mit spezieller Aussaaterde füllen, Samen von Balkonblumen, Kräutern oder Sommerblumen nach Anleitung der Saattüte ausbringen. Die Erde solange mit Wasser besprühen, bis sie gut feucht, aber nicht durchtränkt ist. Danach mit transparenter Folie abdecken. Die Gefäße möglichst hell und zimmerwarm stellen, sonst keimen die

Die gängigen Möglichkeiten der Pflanzenvermehrung sind das Vermehren durch Stecklinge, Teilen von mehrjährigen Pflanzen im Frühjahr oder Herbst oder das Aussäen.

### Direkt ins Beet aussäen

Viele Gemüse werden direkt ins Beet gesät. Dazu gehören zum Beispiel Möhren, Erbsen, Buschbohnen, Feldsalat, Spinat oder Radieschen. Sie bleiben von der Aussaat bis zur Ernte im gleichen Beet, das natürlich gut vorbereitet sein muss. Salate, Kohlgemüse und Rote Bete hingegen werden auf ein ebenfalls gut vorbereitetes, feinkrümeliges Stückchen Erde

gesät und zur Wiedererkennung markiert. Sie brauchen nicht viel Platz, denn sobald sie groß genug sind (nach vier bis fünf Wochen), werden sie nach Belieben ins Beet verpflanzt. Sowohl die Aussaaten als auch die verpflanzten Sämlinge sollten Sie bei sonnigem Wetter täglich gießen. Die Zeit von der Aussaat bis zur Ernte ist unterschiedlich. Infos darüber finden

KLASSISCHE METHODE  Größere Samen können direkt aus der Tüte ausgesät werden. Dazu die Tüte knicken und die Samen gleichmäßig in die mit Aussaaterde vorbereitete Anzuchtschale schütteln, festdrücken und feucht halten.

**PIKIEREN ADE!** Saatscheiben sind leicht zu handhaben. Es gibt sie in rund und in eckig für Kästen.

Samen nicht oder aufgelaufene Sämlinge verkümmern. Die Vorkultur auf der warmen Fensterbank, im Warmhaus oder im beheizten Anzuchtbeet beginnt bereits Mitte Februar. Die Gefäße sind täglich zu überprüfen, gegebenenfalls nach dem Licht zu drehen und auch stets gleichmäßig feucht zu halten. Sobald Sämlinge zwei Blätter und zwei neue Keimblätter haben, kann zum ersten Mal pikiert werden. Mit Hilfe eines Pikierstabs die Sämlinge aus der Saatschale holen und in Recyclingtöpfe aus Altpapier pflanzen. Das erspart nochmaliges Pikieren. Weiterhin warm und hell stellen und die Erde stets feucht halten. Sobald die Jungpflanzen sich vom Pikieren erholt haben und gut angewachsen sind, können sie deutlich kühler und ohne Abdeckhaube gehalten werden.

## Pflanzen aus Stecklingen ziehen

Zur Vermehrung nur weiche Triebspitzen von Stauden, Kräutern, Balkonblumen, Kübelpflanzen oder Buchsbäumchen nehmen. Die Stecklinge dicht unterhalb eines Blattknotens schräg abschneiden, so dass sie höchstens fingerlang sind. Die unteren Blätter entfernen. Danach die Triebe in ein Wurzelhormon tauchen und in eine Schale mit Aussaaterde stecken, gut festdrücken und mit Wasser überbrausen. Die Stecklinge mit lichtdurchlässiger Folie abdecken. Sobald sich Neutriebe zeigen, die Folie wieder entfernen. Die bewurzelten Stecklinge vorsichtig aus dem Vermehrungsbeet nehmen und in kleine Töpfe pflanzen. Angießen nicht vergessen! Übrigens: Stecklinge können auch im Wasserglas bewurzeln. Beste Zeit für die Stecklingsvermehrung ist zwischen April und August.

## Pflanzen teilen

Dies ist die einfachste und sicherste Art der Vermehrung. Der optimale Zeitpunkt dafür ist nach der Blüte, bei Herbstblühern im Frühjahr vor dem Neuaustrieb. Dazu den Wurzelballen ausgraben und in zwei oder mehrere Stücke teilen. Sind die Wurzeln sehr verdichtet, ein Messer oder einen Spaten zu Hilfe nehmen. Vor dem Einpflanzen die Wurzeln mit einer Schere etwas einkürzen und die Wurzelstücke kurze Zeit in einen Eimer Wasser tauchen.

**VERMEHRUNG IM WASSERGLAS** Salbei und viele andere Pflanzen lassen sich gut im Wasser bewurzeln.

**HORTENSIEN VERMEHREN** Im Mai, Juni ist der optimale Zeitpunkt, um junge Hortensien-Triebe für die Vermehrung zu schneiden, sie bewurzeln relativ leicht. Achten Sie darauf, dass die Stecklinge noch grüne Rinde haben.

# So geht nichts schief: die besten Pflanztipps

Worauf es bei der Pflanzung von **Stauden und Rosen** ankommt, zeigen die Illustrationen unten und auf der nächsten Seite.
Für **Zwiebelblumen** wird die Pflanzstelle mit einer Grabegabel gut gelockert, anschließend wird mit einer kleinen Schaufel oder einem Blumenzwiebelpflanzer ein Loch ausgehoben. An feuchten Standorten sollten Sie etwas groben Sand einfüllen und dann erst die Zwiebeln hineingeben. Die Pflanztiefe sollte zwei- bis dreimal so tief sein, wie die Blumenzwiebel hoch ist. Wer die Blumenzwiebeln vor Wühlmäusen schützen möchte, setzt sie in Gruppen in entsprechende Drahtkörbe. Pflanzzeit für Frühjahrsblüher ist im Herbst, für frostempfindliche und später blühende Zwiebel- und Knollenpflanzen im Frühjahr.

**Bäume und Sträucher** sind in der Regel sehr pflegeleicht. Gute Qualitätsmerkmale sind ein runder und fester Wurzelballen, ein gerader Stamm und eine gleichmäßige Krone mit durchgehendem Leittrieb. Beim Pflanzen sollten Sie die unterschiedlichen Bodenansprüche berücksichtigen. Wurzelnackte Gehölze und Sträucher brauchen einen Pflanzschnitt und ihre Wurzeln müssen auch eingekürzt werden. Zum Schutz vor starkem Wind erhalten Bäume die ersten Jahre einen stabilen Stützpfahl.
Die beste Pflanzzeit für **Gräser** ist das Frühjahr. Halten Sie die Erde drum herum immer locker. Für **Erdbeeren** gilt es Ende Juli bis Anfang August ein sonniges, mit reichlich Kompost angereichertes Beet tiefgründig herzurichten und die Jungpflanzen im Abstand von etwa 30 cm hineinzusetzen. Danach wollen sie kräftig angegossen werden. **Gemüse** wie Lauch, Kohlrabi und alle Kopfkohlarten, Tomaten, Paprika, Zucchini oder Auberginen kann man durch Aussaat im Warmen vorziehen und je nach Wärmebedürfnis ab Mitte April in tiefgründige, kompostreiche Erde ausplflanzen.

## DIE BESTE PFLANZZEIT FÜR ROSEN IST IM HERBST

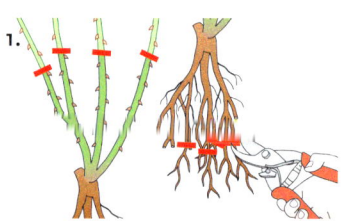

1. Zurückschneiden: Triebe wurzelnackter Rosen auf ca. 20 cm zurückschneiden. Die Wurzeln etwas einkürzen und beschädigte entfernen, dabei die Faserwurzeln nicht verletzen. Vor dem Pflanzen die Rosen 12 bis 24 Stunden wässern.

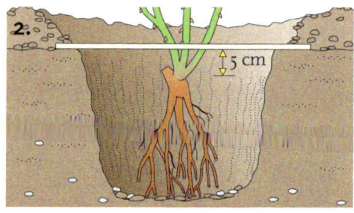

2. Einpflanzen: Das Pflanzloch (ca. 40 cm Durchmesser) so tief ausheben, dass die Wurzeln ohne zu knicken hineinpassen. Dann die Rose so tief einsetzen, dass die frostempfindliche Veredlungsstelle etwa 5 cm unter der Erde liegt.

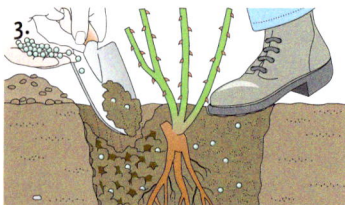

3. Komposterde auffüllen: Den Aushub mit reifem Kompost mischen und mit etwas organischem Langzeitdünger ins Pflanzloch geben. Die Erde gut andrücken und kräftig angießen, am besten mit einer Gießbrause.

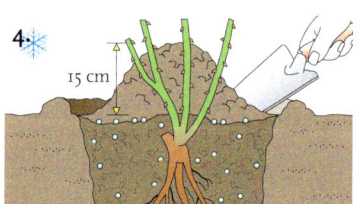

4. Anhäufeln: Der Boden darf in den kommenden Wochen nie ganz austrocknen, junge Rosenstöcke sind äußerst empfindlich. Im Spätherbst nach der Pflanzung die Rosen mit Gartenerde anhäufeln, so sind sie gut vor Frost geschützt.

**EIN GARTENTRAUM** Ob Rosen, Sträucher, Gehölze oder Stauden – stimmen Standort und Bodenverhältnisse, werden mehrjährige Pflanzen mit den Jahren immer schöner.

## STAUDEN GEDEIHEN AM BESTEN IN LOCKERER, NÄHRSTOFFREICHER ERDE

Teilen Sie sich den Platz ein. Die Stauden auf dem gut vorbereiteten Beet auslegen, dabei unbedingt die jeweilige Endgröße der einzelnen Pflanzen berücksichtigen.

Ein Jahr später: Alle Pflanzen sind gut eingewachsen. Den Boden im Staudenbeet regelmäßig lockern, gießen und düngen. Verblühtes zurückschneiden, das regt die Verzweigung an.

Nach drei oder vier Jahren wird's zu eng. Die Stauden müssen im Herbst oder Frühjahr mit einem Spaten geteilt und auf diese Weise verjüngt werden.

# Bei Zitrus & Co. geht es nicht ohne Topf

**MIT TÖPFEN LÄSST SICH WUNDERSCHÖN GESTALTEN**

Ob aus Terrakotta, Keramik, Ton oder Kunststoff, hübsch bepflanzte große Kübel und Töpfe sorgen auch im Garten für Auflockerung. Für welches Material Sie sich entscheiden, hängt in der Regel von Ihrem Geschmack und vom Preis ab.

Zitronen, Bougainvilleen, Oleander oder Bleiwurz – wer freut sich nicht über diese Exoten? Allerdings muss man sie in unseren Breiten in große Kübel pflanzen und im Spätherbst in ein frostsicheres Quartier stellen, sonst gehen sie ein. Im Sommer stehen sie in der Regel auf der Terrasse, dem Balkon oder am Sitzplatz. Ebenso gut können Sie sie am Teich, auf dem Rasen oder als Lückenbüßer im Staudenbeet platzieren. Für Balkonblumen, Stauden oder Kräuter in Töpfen gilt genau das Gleiche: Sie können in allen Gartenbereichen für Auflockerung sorgen, zum Beispiel wenn gerade Blühpause ist.

**Terrakotta – edel und schön**

Die Auswahl an Gefäßen ist enorm groß, ebenso die ver-

schiedenen Materialien und Preise, wobei Terrakotta und Ton nach wie vor zu den beliebtesten gehören. Bei Terrakotta sind die Qualitäts- und Preisunterschiede gewaltig. Terrakotta aus Impruneta/Italien, Wich-

wood/England und Kreta/Griechenland sind weltberühmt. Weit weniger bekannt, aber qualitativ ein Spitzenprodukt, ist Rauenberger Terrakotta aus Deutschland. Ob Kübel, Kästen oder Schalen – sie sind schlicht, schnörkellos und frostfest. Entscheidend für alle ist, dass sie zumindest im Winter auf Füßchen oder Holzleisten stehen. Denn Regenwasser muss immer gut abfließen können.

**IM FRÜHJAHR IST DIE BESTE ZEIT ZUM UMTOPFEN**

Sobald im Frühjahr – je nach Witterung ab April – die ersten Pflanzen aus dem Winterquartier geholt werden, geht es ans Umtopfen. Zu

klein gewordene Töpfe werden gegen größere ausgetauscht. Falls Sie hierfür gebrauchte Gefäße verwenden, achten Sie unbedingt darauf, dass diese absolut sauber sind, sonst können leicht Krankheiten vom Vorgänger übertragen werden.
Vor dem Einpflanzen ist auch zu überprüfen, ob das Gefäß ein Wasserabzugsloch hat, ansonsten mit einem Akku-Bohrer drei, vier hineinbohren, je nach Topfgröße.

## DIE BESTEN STARTCHANCEN FÜR TOPF-PFLANZEN

▸ Der Durchmesser des Pflanzgefäßes sollte gut eine Handbreit größer sein als der Wurzelballen.

▸ Terrakottatöpfe vor dem Bepflanzen wässern.

▸ Für eine gute Dränage (Kieselsteine, Tonscherben oder -granulat) sorgen, damit wird Staunässe vermieden, darüber etwas Erde einfüllen.

▸ Vor dem Eintopfen Pflanze samt Gefäß kurz in Wasser tauchen, damit die Erde gut feucht wird.

▸ Den Wurzelballen ein wenig lockern, in den neuen Topf pflanzen, rundum Erde nachfüllen und gut andrücken.

▸ Depotdünger dazugeben.

▸ Die Erde mit einer dünnen Kiesschicht, Schneckenhäuschen oder Muscheln abdecken, dann bleibt sie länger feucht. Das Gefäß auf Terrakotta-Füße oder Ähnliches stellen, damit das Wasserabzugsloch frei bleibt.

▸ Die Pflanze gut angießen.

FARBENSPIEL  Schön, wie sich der Buchsbaum und das petrolfarbene Gefäß ergänzen.

STAUNÄSSE VERMEIDEN
Sorgen Sie für eine dicke Dränageschicht aus Tonscherben oder Kieselsteinen.

WURZELN LOCKERN  Ein lockerer Wurzelballen tut sich wesentlich leichter mit dem Anwachsen in frischer Erde.

NICHT NUR DEKO  Töpfe mit Terrakotta-Füßen unterlegen, damit das Wasser gut abfließen kann.

### Leichtgewichte mit Zukunft

Die meisten Kunststoffgefäße haben inzwischen den großen Vorteil, dass sie Terrakotta verblüffend ähnlich sehen, aber vergleichsweise leicht und somit einfacher zu transportieren sind. Allerdings, je perfekter die Nachbildung, umso teurer.

### Holz, Metall und Weide

Auch diese Materialien werden gerne verwendet. Sie sind nur etwas heikler zu handhaben, vor allem wenn sie Wind und Wetter ausgesetzt sind. Direkt bepflanzt beginnen Holz und Weide bald zu faulen und Metall rostet schnell. Das bekommt auf Dauer weder den Gefäßen noch den Pflanzen. Deshalb muss man diese Materialien vor dem Bepflanzen unbedingt mit dicker Folie ausschlagen und für eine großzügige Dränage mit Tonscherben oder Kieselsteinen sorgen. Oder im Fachhandel nach passenden Kunststoffeinsätzen Ausschau halten.

LETZTER SCHLIFF  Eine Abdeckung der Erdoberfläche schützt diese vor raschem Austrocknen.

# So wird der Traum vom schönen Rasen wahr

**BODENBEARBEITUNG** Mit einer Fräse lässt sich der Boden leichter bearbeiten als mit Spaten oder Grabegabel. Tipp: Technische Geräte, die man nur einmalig für die Anlage eines Rasens braucht, kann man in Baumärkten ausleihen.

## Bodenvorbereitung

Bei schwerem Boden oder Baugelände sollte man die Rasenfläche im Vorjahr vorbereiten und Kartoffeln oder Hülsenfrüchte anbauen, die den Boden lockern. In jedem Fall im Herbst

**SÄUBERN** Die mit der Fräse bearbeitete Fläche mit einem Rechen einebnen. Unkraut, große Steine oder andere grobe Teile absammeln.

Rasen passt zu jedem Garten, selbst wenn es nur eine kleine Fläche im Vorgarten ist, die von Stauden und Stäuchern gesäumt ist. Doch bevor es an die Anlage geht, müssen Sie sich im Klaren darüber sein, wie Sie das „Grün" nutzen wollen. Ob samtiger, grüner Teppich oder ein robuster Sport- und Spielrasen, der sich gern mit Füßen treten lässt. Für beide Fälle gibt es im Fachhandel spezielle Gräsermischungen.

## ROLLRASEN – WENN'S SCHNELL GEHEN SOLL

Bequem, aber mit 3 bis 5 €/m² nicht billig, ist die Anlage eines Fertig- oder Rollrasens. Er wird in Rasensoden meterweise geliefert und kann, außer im Winter, immer

verlegt werden. Die je nach Anbieter etwa 1,60 bis 2,50 m langen und 30 bis 40 cm breiten Rasenstücke werden auf dem wie zur Aussaat vorbereiteten Boden ausgerollt und ohne Fugen verlegt. Um guten Bodenkontakt herzustellen, festwalzen und durchdringend wässern. In der Anwachsphase täglich beregnen. Rollrasen ist sofort begehbar, wird nach zehn Tagen zum ersten Mal gemäht, nach zwei Wochen ist er eingewurzelt.

Samen mit Sand mischen, in den Streuwagen füllen und diesen streifenweise über den Boden ziehen.

Anschließend den Rechen ohne Druck möglichst vom Rand her über die Fläche ziehen. Dann den Samen entweder mit Trittbrettern andrücken, dabei flach auftreten, damit keine Rillen entstehen, oder eine Walze verwenden. Diese ziehen, nicht schieben, um Fußspuren zu vermeiden.

Neben Wärme brauchen die Grassamen zum Keimen nun sehr viel Wasser. Bis sich das erste Grün zeigt, muss man täglich wässern. Das geht am einfachsten mit einem Rasensprenger. Per Gartenschlauch die Fläche mit einem feinen, nach oben gerichteten Wasserstrahl beregnen, damit die Samen nicht weggespült werden. Ist der neue Rasen 5 bis 8 cm hoch, wird zum ersten Mal auf eine Höhe von 3 cm gemäht. Ab dann auch Rasendünger (nach Gebrauchsanleitung) verwenden.

umgraben und dabei das Unkraut sorgfältig entfernen, vor allem die Wurzeln von Quecke, Ackerwinde, Hahnenfuß, Schachtelhalm und Löwenzahn; ebenso größere Steine. Die groben Erdschollen können Sie bis zum Frühjahr liegen lassen; der Frost soll sie zerkrümeln. Im April/Mai wird die Fläche eingeebnet, dabei sollte Volldünger eingearbeitet werden. Anschließend Schnurquadrate (zirka

3 x 3 m) spannen und den Boden nach und nach mit dem Rechen und der Wasserwaage so abflachen, dass ein leichtes Gefälle vom Haus wegführt. Für Bäume und Sträucher Baumscheiben einplanen.

### Rasen aussäen

Unmittelbar vor der Aussaat die Fläche mit dem Rechen kreuzweise leicht aufrauen. Den Stück für Stück abgemessenen

**SÄEN** Mit dem Streuwagen (leihweise) lässt sich der mit etwas Sand vermischte Rasensamen gleichmäßig ausbringen.

**WALZEN** Nach der Aussaat den Rasensamen gut und gleichmäßig andrücken – mit der Walze geht das ganz fix.

**GIESSEN** Bis die ersten Halme nach 8 bis 10 Tagen sprießen, die Fläche täglich nur sanft beregnen, sonst wird der Samen weggespült.

# Wasser und Dünger sind lebenswichtig für Pflanzen

**ERFRISCHUNG GEFÄLLIG?** Wasser ist für Menschen, Tiere und Pflanzen gleichermaßen ein Lebenselixier. Und ganz besonders natürlich für den Rasen: Während Trockenzeiten regelmäßig wässern.

wichtigsten Stoffe, die Pflanzen fürs Wachstum brauchen: **Stickstoff** (Nitrogenium, N), der Hauptnährstoff, regt das Wachstum an, ist Bestandteil des Blattgrüns (Chlorophyll) und wichtig für den Aufbau von Eiweißverbindungen. Zu viel macht die Pflanzen allerdings mastig und krankheitsanfällig. **Phosphor** (P) ist bereits im Samenkorn enthalten, hilft

## DIE VERSCHIEDENEN DÜNGER

▶ Flüssigdünger, gibt es als Standards und Specials
▶ Gekörnter Volldünger (z. B. Plantonsan)
▶ Düngekegel und Düngerstäbchen für Topfpflanzen
▶ Rasch wirkender Volldünger (z. B. Blaukorn)
▶ Hornspäne mit hohem Stickstoff- und Phosphorgehalt
▶ Organisch-mineralischer Dünger (z. B. Guano plus)
▶ Langzeitdünger mit Dosier-Umfüllung (z. B. Osmocote)

Lassen Sie es nicht so weit kommen, dass die Blätter Ihrer Pflanzen schlaff herabhängen. Gießen Sie Pflanzen rechtzeitig und durchdringend mit der Gießkanne, dem Gartenschlauch oder einem Regner. Verkrusteten Boden vorher mit dem Grubber oder der Hacke auflockern, damit er Wasser aufnehmen und speichern kann. Nur abends oder morgens bewässern, nie bei Sonne. Wassertropfen wirken auf den Blättern wie Brenngläser. Zudem schockt kaltes Leitungswasser erhitzte Pflanzen, so dass ihre Entwicklung stagniert.

## Richtig düngen

Neben Wasser brauchen die Gartenpflanzen auch Nährstoffe. Stauden und Sommerblumen sollen zur rechten Zeit üppig blühen, Gemüse und Obstgehölze reiche Erträge bringen und der Rasen rund ums Jahr mit sattem Grün erfreuen. Durch Kompostgaben und Mulchen lässt sich der Humusgehalt des Bodens wesentlich verbessern. Hier die beim Keimen, fördert die Blütenbildung und Fotosynthese. Blühdünger ist daher phosphorbetont.

**Kalium** (K) kräftigt das Pflanzengewebe und bildet Kohlenhydrate. Zu viel Kalium behindert jedoch die Aufnahme von Magnesium.

**Kalk** (Calcium, Ca) macht den Boden fruchtbar und krümelig, bindet für Pflanzen schädliche Säuren, stabilisiert und kräftigt das Pflanzengewebe.

**Magnesium** (Mg) ist Bestandteil des Blattgrüns und wichtig für die Energieversorgung.

**Spurenelemente** wie Bor, Eisen, Kupfer, Mangan, Schwefel und Zink werden nur in Kleinstmengen benötigt und sind im gesunden Boden enthalten.

**Kohlendioxid** ($CO_2$) holt sich die Pflanze aus der Luft. Daraus baut sie mit Hilfe der Sonnenenergie organische Moleküle auf. Als Abfallprodukt entsteht Sauerstoff (O).

NPK- oder Volldünger enthalten Stickstoff, Phosphor und Kalium in unterschiedlichen Mengen. Bei Einzel- oder Spezialdünger wird ein einzelner Nährstoff gegen Mangelerscheinungen eingesetzt.

### Dünge-Pause

Mit dem Düngen von Pflanzen spätestens Mitte August aufhören, damit die Triebe gut ausreifen können und stark genug sind, um die kalte Jahreszeit unbeschadet überstehen zu können.

**HILFREICH** Mit einem Streuwagen können Sie Rasenflächen und Pflanzbeete gleichmäßig düngen.

**UNVERZICHTBAR** Mit einer Gießkanne können Sie Pflanzen ganz nach Bedarf gießen und gezielt Flüssigdünger ausbringen. Für Rhododendren und Azaleen (hier im Foto) gibt es speziellen Dünger.

# Die wichtigsten Pflegearbeiten im Garten

**ZEITAUFWAND** Entscheiden Sie selbst, welche Ansprüche Sie an Ihre Pflanzen stellen wollen. Immergrüne Formschnittgehölze zum Beispiel müssen zwei Mal im Jahr geschnitten werden, um in Form zu bleiben.

Damit Ihnen die Gartenpflege nicht zu viel oder gar lästig wird, sollten Sie regelmäßig anfallende Arbeiten spontan erledigen.
Während Sie dagegen Arbeiten, für die Sie längere Zeit benötigen, unbedingt fest einplanen sollten.

## Häufige Arbeiten

▸ Rasen wöchentlich mähen. Rasenschnitt leicht antrock-
nen lassen, auf den Kompost-haufen zwischen grobes Material streuen oder als Mulch verwenden.
▸ Regelmäßig Unkraut jäten. Bei feuchtem Boden fällt das Entfernen hartnäckiger Unkrautwurzeln leichter.
▸ Zur Hauptblütezeit täglich eine Viertelstunde mit der Schere durch den Garten gehen und Verblühtes abschneiden.

▸ Mit der Gießkanne einzelne Pflanzen gezielt bewässern; größere Flächen per Schlauch (feine Düse) oder Regner.
▸ Düngen nicht vergessen.

## Alle Jahre wieder

Planen Sie zum Frühjahrsan-fang einen Kompost-Tag ein. Reifen Kompost aus Kompost-lege, -silo oder -tonne sieben, auf den Beeten verteilen und leicht einharken. Die in der

**SUPER HILFREICH** Staudenhalter verhindern das Ausufern und Abknicken der Pflanzenstängel.

**PRAKTISCH** Kostspielig, aber top: schnurloser Rasenmäher mit großem Grasauffangkorb.

zweiten Lege (Modelle Seite 10/11) gesammelten Abfälle und das aus dem reifem Kompost ausgesiebte Material in die frei gewordene Lege umschichten. Dazwischen reifen Kompost oder Gartenerde und organischen Dünger sowie Gesteinsmehl streuen. Mit einer Schicht Gartenerde enden. Darunter reift der Kompost in zwei bis drei Monaten zu dunklem, duftendem Humus heran. In Komposttonnen oder Thermokompostern

## PFLEGEARBEITEN RUND UMS JAHR

### Frühjahr
▶ Winterschutz entfernen.
▶ Rückschnitt bei Gehölzen.
▶ Unkraut jäten; Beete hacken.
▶ Individuell düngen, gießen.
▶ Stauden stützen.
▶ Verblühtes entfernen.
▶ Rasen mähen, angewelkten Rasenschnitt kompostieren.
▶ Pflanzenabfälle kompostieren.
▶ Reifen Kompost ausbringen.

### Sommer
▶ Letzte Gehölz-Düngung: Ende August.
▶ Mulchen.

▶ Auf Pflanzenschädlinge und -krankheiten achten.
▶ Stauden ausputzen und zurückschneiden.

### Herbst
▶ Laub zusammenrechen und kompostieren (unter Sträuchern und im Staudenbeet liegen lassen).
▶ Letzter Rasenschnitt.

### Winter
▶ Empfindliche Gehölze mit Stroh/Fichtenreisig einbinden.
▶ Stauden und Rosen anhäufeln.
▶ Teich winterfest machen.

gesammelte Pflanzenabfälle muss man nicht umschichten. Auch beim Rückschnitt von Bäumen und Sträuchern fällt Kompost-Material an.
Zu große Stauden nach der Blüte teilen. Dann bilden sie bis zum

Winter neue Wurzeln und können im Frühjahr besser starten. Mehrmals pro Jahr die Mulchschicht auf den Beeten erneuern. Der Boden bleibt darunter feucht und verkrustet nicht bei heftigem Regen.

**AUSZUPFEN** Verblühtes regelmäßig ausbrechen oder abschneiden. Dann sehen die Pflanzen nicht nur schöner aus, sie können außerdem keine Samen bilden und sparen Kraft für neue Blütenknospen.

# Krankheiten und Schädlinge

**GEFRÄSSIGE RAUPEN** können abgesammelt werden – nur manche werden später zu wunderschönen Schmetterlingen.

▸ Bei der Auswahl von Pflanzen, Bäumen und Sträuchern sowie bei Saatgut stets resistente oder als tolerant ausgewiesene Sorten bevorzugen.

▸ Boden in den Beeten stets locker und unkrautfrei halten.

## Sorgen Sie für Nützlinge im Garten

Wer viel Platz hat, sollte sich unbedingt Blütenpflanzen, die Nützlinge anziehen, zulegen. Entsprechende Saatmischungen gibt es im Fachhandel. Mit ihrer enormen Farbenpracht locken diese Blumen auf ganz natürliche Art Nützlinge an. Man sät sie unter Obstgehölzen aus sowie in der Nähe des Komposthaufens und auch bei den Gemüsebeeten.

Zu den ganz wichtigen Nützlingen im Garten gehören Schwebfliegen, deren Larven ebenso wie die von Marienkäfern und Florfliegen Blattläuse, Milben, Schildläuse und andere Schädlinge vertilgen. Schlupfwespen hingegen sind hinter Weißen Fliegen her, und Raubmilben

Ein Befall der Gartenpflanzen mit Krankheiten oder Schädlingen lässt sich nicht ganz vermeiden, denn er ist von komplexen Faktoren abhängig. Vorbeugend können Sie aber einiges tun:

▸ Die verschiedenen Standortbedürfnisse der Pflanzen berücksichtigen.

▸ Vor dem Aussäen oder Pflanzen den Boden tiefgründig lockern; die Struktur durch Zugabe von Kompost oder Humus verbessern.

▸ Mindestpflanzabstände einhalten.

▸ Bedarfsgerecht düngen; den Boden regelmäßig untersuchen lassen, um Gewissheit zu haben, ob und was es für Mangelerscheinungen gibt.

▸ Auf Mischkultur und Fruchtwechsel achten, vor allem im Gemüsegarten.

**ROTE WEGSCHNECKEN** machen sich besonders gern über junges Gemüse her; an feuchten Tagen werden sie zur richtigen Plage.

vertilgen Spinnmilben. Außerdem macht es auch Sinn, Leimringe (gegen Frostspanner) oder Gelbtafeln (gegen Kirschfruchtfliegen) im Garten aufzuhängen.

## Was ist zu tun, wenn die Pflanzen leiden?

Bei Schnecken ist die wirkungsvollste Methode das Absammeln, am besten morgens und abends. Dickmaulrüssler (fressen gerne zarte Blätter) lassen

**WEISSE FLIEGEN** sind winzig und saugen Pflanzensaft.

**BLATTLÄUSE** besiedeln Pflanzen innerhalb von wenigen Tagen.

### KRAUT- UND BRAUNFÄULE

Bei dieser Krankheit handelt es sich um eine Pilzinfektion, die ganz häufig an Tomaten (siehe Foto) auftritt, aber auch auf Kartoffeln vorkommen kann. Die Blätter befallener Pflanzen bekommen zunächst graugrüne, später dann braune Flecken, die sich rasch ausbreiten. Der Pilz befällt Blätter und Früchte gleichermaßen und tritt nur im Freiland auf.
Zur Vorbeugung sollten Sie tolerante Tomatensorten bevorzugen; diese durch Folienabdeckung vor Nässe schützen oder, falls vorhanden, besser ins Gewächshaus pflanzen.

Bei Pilzkrankheiten hilft oft nur spritzen – Grauschimmel, Rostpilze, Echter und Falscher Mehltau sowie Blattfleckenpilze lassen sich meist nur mit chemischen Mitteln wirkungsvoll behandeln.
Pilze sind infektiös und breiten sich rasant aus, so dass es sinnvoll ist, die betroffenen Pflanzen abzuschneiden und über den Hausmüll zu entsorgen (nicht auf den Kompost!)

sich ebenfalls gut absammeln, am besten nachts mit der Taschenlampe kontrollieren. Wanzen, Zikaden und Läuse stehen auf Gelb, deshalb vorbeugend Gelbtafeln bzw. gelbe Leimfallen aufhängen. Bei Befall mit Weißer Fliege hilft das Spritzen mit ölhaltigen Mitteln. Das gilt auch für die gepanzerten Schildläuse. Wespen sind zwar nützlich, doch wenn sie verstärkt auftreten, kann es zu großen Fraß-

schäden an reifen Früchten kommen. Hier helfen Fangflaschen mit Zuckerwasser oder Obstsaft, die in den Obstgehölzen aufgehängt werden.
Bei Befall mit Kartoffelkäfern macht es Sinn, es mit täglichem Absammeln zu probieren. Ansonsten müssen Sie auf Spritzmittel gegen beißende Insekten zurückgreifen, die auch bei Auftreten von Lilienhähnchen, Kohlerdflöhen und Kohlgallenrüsslern wirken.

**MEHLTAUPILZE** siedeln sich auf Blättern und Knospen an. Das weißliche Pilzgeflecht tritt verstärkt bei feuchtwarmer Witterung auf.

# Regelmäßiger Rückschnitt für noch mehr Blüten

## WELCHE ZIERSTRÄUCHER WANN ZURÜCKSCHNEIDEN?

▶ Bei Frühjahrsblühern, die am jungen Holz, das heißt ein- und zweijährigen Trieben, besonders reich blühen, werden nach der Blüte ältere, etwa daumendicke Zweige bodennah abgeschnitten. So können Deutzie, Duftjasmin, Forsythie, Kolkwitzie, Liebensperlenstrauch, früh blühende Spiersträucher und Weigelie in puncto Blütenfülle immer ihr Bestes geben.

▶ Bei Sträuchern, die am einjährigen Holz blühen – welches im vergangenen Frühjahr nach der Blüte gewachsen ist –, muss man durch Rückschnitt bis auf kurze Aststummel für reichen Neuaustrieb sorgen, zum Beispiel bei Mandel-

bäumchen, Kätzchen-Weide, Ginster, Zier-Kirsche und Zier-Aprikose.

▶ Ebenso stark – und zwar im Frühjahr vor dem Neuaustrieb – werden Sommerblüher zurückgeschnitten, die am diesjährigen Holz blühen, beispielsweise Gartenrosen, Rispen-Hortensie, Säckelblume, Sommerflieder, spät blühende Spiersträucher.

▶ Bei Ball- und Teller-Hortensien sowie Rhododendron nur den unbelaubten (!) Blütenstängel abschneiden. In den Achseln der darunter liegenden Blättern schlummern die Blütenknospen der nächsten Saison.

Damit Gartenpflanzen nicht verwildern, müssen sie mit Schere und Säge gepflegt, ausgelichtet, eingekürzt oder zurückgeschnitten werden. Durch einen gezielten regelmäßigen Rückschnitt kann bei Stauden und Gehölzen der Blütenreichtum gefördert werden.

**EXAKT SCHNEIDEN** Beim Gehölzschnitt dürfen Sie keine Stummel stehen lassen.

### Stauden zurückschneiden

Bei Stauden hat ein Rückschnitt nach der Blüte nicht nur optische, sondern auch praktische Gründe. Samen kosten Kraft und verhindern das Ausbilden neuer Blütenknospen. Ein bodennahes Kappen verblühter Triebe regt beispielsweise bei Goldfelberich, Lupinen, Rittersporn, Sommer-Margeriten oder Sommer-Salbei einen Neuaustrieb und zweiten Blütenflor an. Bei Goldraute, Phlox, Schaf-

**BLÜHT ZWEIMAL** Rittersporn nach der Blüte knapp über dem Boden zurückschneiden. Er treibt wieder aus und blüht ein zweites Mal.

garbe, Skabiose, Sonnenauge und Stauden-Sonnenblume lässt sich die Blütezeit verlängern, indem man verblühte Stängel bis zur nächsten Verzweigung unterhalb der Blüte abschneidet. An den Schnittstellen entwickeln sich in der Regel Seitentriebe mit neuen Blütenknospen.

## Ziersträucher schneiden

Das Gros der Blütensträucher wird in Schnitt-Gruppen eingeteilt (siehe Kasten). Der Schnitt sollte Jahr für Jahr wiederholt werden. Beginnen Sie damit bereits im dritten Jahr nach der Pflanzung. In Form gehaltene Gehölze sind in der Regel vitaler und gesünder als ihre ungeschnittenen Nachbarn.

So genannte Edelsträucher werden nicht geschnitten, damit ihre typische Wuchsform nicht verloren geht. Blumen-Hartriegel, Felsenbirne, Hibiskus, Magnolie, Kirschlorbeer, Kor-

**SCHMETTERLINGE FLIEGEN DRAUF** Der Sommerflieder (*Buddleja-Davidii*-Hybriden) blüht traumhaft und verströmt einen herrlichen Duft.

**VORHER** Die trockenen Blütenrispen des Sommerflieders über Winter stehen lassen; im Frühjahr kräftig zurückschneiden.

**NACHHER** Alle Zweige wurden stark zurückgeschnitten. Die kräftigen Triebknospen sollen nach außen zeigen.

nelkirsche, Schneeball, Prunkspiere und Zaubernuss treiben aus Aststummeln nur schwer neu aus. Ein starker Rückschnitt ist auch nach Jahren noch zu sehen. Besser ist es, junge Sträucher unmittelbar nach der Pflanzung etwas einzukürzen, damit sie sich besser verzweigen.

Bei Gehölzen mit farbiger Rinde, zum Beispiel beim Roten Hartriegel, ist die Leuchtkraft der jungen Triebe am stärksten. Ein regelmäßiger Rückschnitt erhöht ihren Anteil und somit den Schmuckeffekt.

# Jahresarbeitskalender

Wann wird gepflanzt, was muss wann getan werden, damit sich der ganze Garten prachtvoll entwickelt? Hier werden in Kurzform die wichtigsten Arbeiten rund ums Gartenjahr aufgelistet.

## Januar

- Bei viel Schnee Nadelgehölze durch Schütteln oder Abfegen vor Astbruch schützen, vorausgesetzt die Bäume sind nicht zu groß.
- Winterschutz bei Rosen überprüfen, starker Wind könnte die schützende Abdeckung verschoben haben.
- Rasen bei Frost nicht betreten, die Grashalme brechen leicht, was im Frühjahr zu Faulstellen führen kann.
- Kübelpflanzen und Balkonblumen im Winterquartier auf Schädlinge und Krankheitsbefall überprüfen, gegebenenfalls entsprechende Schutzmaßnahmen einleiten. Immergrüne Pflanzen wöchentlich gießen, blattlose wie *Datura* seltener.
- Immergrüne Topfpflanzen, wie Buchs oder Eibe, die draußen überwintern, hin und wieder an frostfreien Tagen mit lauwarmem Wasser gießen.

## Februar

- Erste Sommerblumen, Kräuter sowie Gemüse auf der warmen Fensterbank aussäen.
- Knollen-Begonien und Indisches Blumenrohr im Zimmer vorziehen.
- Eingelagerte Dahlienknollen auf Faulstellen hin überprüfen und befallene entfernen.
- An frostfreien Tagen Bäume und Sträucher zurückschneiden. Wenn Sie es sich noch nicht allein zutrauen, nehmen Sie an einem Schnittkurs (Tagespresse) teil.
- Falls möglich Kübel- und Balkonpflanzen im Winterquartier heller und wärmer stellen; Verwelktes entfernen, zweimal wöchentlich gießen.
- Frühbeetkasten lüften.
- Pflegearbeiten am Teich vornehmen, abgestorbene Stängel stehen lassen (bieten Kleinlebewesen Unterschlupf), Teichwasser mit Sauerstoff anreichern.

## März

- Sommerblumen, Kräuter und Gemüse auf der Fensterbank vorziehen.
- Winterschutz ab Mitte des Monats auf allen Beeten entfernen.
- Pflanzbeete vorbereiten: Unkräuter entfernen, Boden lockern, Kompost einbringen.
- Bodenprobe zur Nährstoffbestimmung entnehmen.
- Stauden, die im Mai blühen, jetzt teilen und versetzen.
- Pflanzzeit für Gehölze, Rosen, Gräser, vorgezogene Salate und Kohlgemüse.
- Ende des Monats in milden Lagen sommerblühende Zwiebelblumen auspflanzen; ist Frost angesagt, durch Abdecken schützen
- Boden im Rosenbeet vorsichtig lockern, etwas Kompost einarbeiten.
- Nistkästen reinigen und in Baumkronen aufhängen.
- Winterharte Hecken und Kletterpflanzen setzen.
- Rasen mähen, vertikutieren und Ende März düngen.
- Am Teich und auf allen Beeten abgestorbene Pflanzenteile entfernen.

## April

- Fruchtgemüse auf der Fensterbank vorziehen.
- Robuste Sommerblumen, Hülsenfrüchte, Blatt- und Wurzelgemüse direkt ins Beet aussäen.
- Blühfaule oder zu groß gewordene Stauden teilen.
- Pflanzzeit für Kartoffeln, Salate, Rhabarber, Stauden und robuste Kräuter.
- Beim Anlegen des Gemüsebeetes auf eine gesunde Mischkultur achten.
- Dahlien in Töpfen vortreiben. Große Knollen zuvor mit dem Messer teilen.
- Rosen Anfang des Monats schneiden, Boden lockern, und wenn der Boden nicht mehr gefroren ist, düngen.
- Gehölze unkrautfrei halten, mulchen, düngen und die Erde um den Stamm herum mit Kompost aufbereiten.
- Erste Kübelpflanzen dürfen ins Freie, gegebenenfalls zuvor umtopfen.
- Immergrüne Hecken Ende April stutzen.
- Einjährige Kletterpflanzen aussäen.
- Rasen anlegen.
- Seerosen auspflanzen.
- Erdbeerbeet lockern und düngen.

## Mai

- Zweijährige Sommerblumen ins Freiland aussäen.
- Nach den Eisheiligen können vorgezogene Sommerblumen, kälteempfindliche Kübelpflanzen, Tomaten sowie Kräuter ins Freie.
- Beete unkrautfrei halten.
- Hochwachsende Stauden stützen und ausladende mit Link-Stakes (Fachhandel) zusammenhalten.
- Triebspitzen an Kräutern, Stauden und Balkonblumen abknipsen, das fördert einen buschigeren Wuchs.
- Auf Schädlingsbefall und Krankheiten achten.
- Beete unkrautfrei und den Boden locker halten.
- Verwelkte Blütenstände von Kletterpflanzen entfernen.
- Rasen wöchentlich mähen und, falls noch nicht geschehen, jetzt auch regelmäßig düngen.
- Teich bepflanzen, Wasseroberfläche sauber halten.
- Kräuter und erstes Gemüse ernten.
- Bei warmer, trockener Witterung Baumobst und Rasen wässern.
- Gemüsebeete sowie frische Pflanzungen gießen.
- Beerensträucher mulchen.

## Juni

- Unkräuter in den Beeten entfernen, Boden regelmäßig auflockern und düngen.
- Abgeblühte Tulpen einlagern: Zwiebeln vorsichtig ausgraben, säubern; kühl und trocken bis zum Herbst lagern.
- Rosen düngen und Verblühtes regelmäßig mit der Schere entfernen.
- Auf Schädlinge und Krankheiten achten, eingreifen.
- Kräuter, wie Zitronenmelisse und Pfefferminze, zum Trocknen ernten.
- Erziehungsschnitt bei Hecken.
- Rasen bei Trockenheit wässern.
- Für ausreichend Sauerstoff im Teich sorgen, Algenbefall vermeiden.
- Erste Stecklinge schneiden.
- Seitentriebe von Tomaten ausgeizen.
- Bei anhaltender Trockenheit Blumen-, Gemüse- und Kräuterbeete täglich wässern.
- Beerenobst mit engmaschigen Vogelschutznetzen vor Fraßschäden schützen.

## Juli

- Gemüse-, Sommerblumen- und Staudenbeete weiterhin, aber nicht mehr ganz so stark düngen.
- Staudenbeete von Unkraut freihalten, Boden lockern und mulchen.
- Weiterhin auf Schädlinge und Krankheiten achten.
- Während Hitzeperioden täglich gießen, frühmorgens oder am Abend.
- Dahlien-Pflege: abgeblühte Blütenkapseln regelmäßig entfernen.
- Hohe Stauden und Dahlien unbedingt stützen, sonst knicken die Blütenstängel um.
- Rasen nicht zu kurz schneiden, regelmäßig wässern.
- Nach der Ernte Beerenobst zurückschneiden.
- Formschnittgehölze Buchs oder Lebensbaum durch Schnitt in Form halten.
- Bäume, Sträucher, Hecken und Kletterpflanzen direkt im Wurzelbereich gießen, Wassertropfen auf den Blättern wirken bei starker Sonne wie Brenngläser.
- Verdunstetes Wasser im Teich auffüllen, Wasserpflanzen bei starkem Wachstum auslichten.

## August

- Pflanzzeit im Staudenbeet: Steppenkerzen, Fackellilie, Sommerheide und Pfingstrosen.
- Pflanzzeit für immergrüne Nadel- und Laubgehölze. Beim Kauf auf gut durchwurzelte Ballen achten.
- Rasen wöchentlich mähen. Rasenunkräuter durch Vertikutieren und Einarbei-
- ten von Sand bekämpfen. Rasen-Neuaussaat Ende August.
- Würzkräuter zum Trocknen und Einfrieren schneiden.
- Rosen durch Stecklinge vermehren.
- Letzter Korrekturschnitt für Buchskugeln & Co.
- Bei großer Hitze macht es Sinn, den Gartenteich zu
- beschatten, bei Algenbefall dem Wasser unbedingt Sauerstoff zuführen. Algenmatten abrechen.
- Blütenknospen bei Tomaten ab Mitte August abknipsen.
- Endivien und Radicchio bis Mitte des Monats auspflanzen; Feldsalat aussäen.
- Erdbeeren fürs kommende Jahr pflanzen.

## September

- Sommerblumen: Verblühtes regelmäßig entfernen.
- Vorgezogene Zweijährige spätestens jetzt pflanzen.
- Horstbildende Stauden können jetzt geteilt werden; gilt auch für Salbei, Oregano und Schnittlauch.
- Ab Mitte des Monats Zwiebelblumen wie Tulpen oder Narzissen auspflanzen.
- Pflanzzeit auch für Rosen.
- Feucht-warmes Wetter begünstigt die Rasen-Neuaussaat.
- Laubfangnetz über dem Gartenteich anbringen.
- Tomaten weiterhin regelmäßig gießen, Seitentriebe ausgeizen und die Triebspitze kappen.
- Erntezeit für Äpfel, Birnen, Kiwis und Walnüsse beginnt.
- Rhabarberstauden ausstechen, teilen, Wurzelstücke in kompostreiche Erde pflanzen.
- Erdbeeren düngen und regelmäßig wässern.
- Abgeerntete Himbeerruten direkt über der Erde abschneiden.
- Obstbäume mit Leimringen ausstatten.

## Oktober

- Sommerblumen bodennah abschneiden.
- Im Staudenbeet Verblühtes bodennah zurückschneiden. Ausnahme: Wildstauden (Winterfutter für Vögel).
- Pampasgras fest zusammenbinden.
- Zwiebelblumen (Tulpen, Narzissen, Lilien) müssen in die Erde.

- Rosen: wurzelnackt (besonders preiswert) oder mit Ballen in Töpfen können bis Frostbeginn ausgepflanzt werden.
- Herabfallendes Herbstlaub vom Rasen rechen.
- Beim Säubern und Zurückschneiden der Pflanzen am Teichrand darf nichts ins Wasser fallen.

- Kübelpflanzen ins frostsichere Winterquartier bringen.
- Gemüsebeete bis auf wenige Ausnahmen abernten.
- Brombeeren und Heidelbeeren können jetzt durch Absenker vermehrt werden.
- Empfindliche Kräuter wie Rosmarin, Lorbeer, Zitronenstrauch oder Ananas-Salbei ins frostfreie Quartier stellen.

## November

- Beete im Zier- und Nutzgarten weitgehend abräumen.
- Laubgehölz-Hecken jetzt zurückschneiden.
- Herabgefallenes Herbstlaub vom Rasen rechen.
- Bei starkem Frosteinbruch darauf achten, dass der Teich nicht zufriert. Bei Gefahr einen speziellen Eisfreihalter

(Fachhandel) einsetzen.
- Auch in milden Weinbaugegenden müssen jetzt letzte, nicht winterharte Topfpflanzen ins Winterquartier.
- Gehölze im Kübel im Wurzelbereich mit Laub oder Tannenreisig vor Frost schützen.
- Stiefmütterchen in Töpfe und ins Beet pflanzen.

- Abgeerntete Beete mit schwarzer Mulchfolie abdecken oder, was zwar umstritten, aber durchaus sinnvoll ist, die Erde umgraben.
- Kräuter in Töpfen an die Hauswand rücken, auf Holzlatten stellen; bei Frostbeginn möglichst mit Tannenreisig schützen.

## Dezember

- Vor Frostbeginn empfindliche Pflanzen mit Reisig oder Laub vor Schäden schützen.
- Rosen mit Gartenerde anhäufeln, wo machbar mit einer Reisigabdeckung vor der Wintersonne und austrocknendem Wind schützen.

- Rhododendron, Buchs, Eibe und Rosen im Topf an eine sonnen- und windgeschützte Hauswand rücken.
- Den Rasen möglichst nicht mehr betreten.
- Ohne Eisfreihalter kann der Teich zufrieren. Dann mit

warmem Wasser ein Loch ins Eis schmelzen.
- Im Nutzgarten an frostfreien Tagen Meerrettichwurzeln, Winterportulak, Feldsalat, Grün- oder Rosenkohl ernten.

# Die schönsten Gartenideen zum Nachmachen

# Ein Reihenhausgarten zum Wohlfühlen

Wer träumt nicht vom eigenen Haus mit Garten? Wenn es klappt, ist es in der Regel so, dass kaum noch Reserven übrig bleiben. Weder finanziell noch kräftemäßig. Bei beidem können wir Ihnen nicht wirklich helfen.
Doch gerne möchten wir Ihrer kreativen Fantasie auf die Sprünge helfen und Ihnen Ideen an die Hand geben, damit Sie Ihrem Ziel – einem Traumgarten – ein Stück näher kommen.

**VORBILDLICHER ENTWURF** Dieser lange, schmale Reihenhausgarten ist ein wahres Prachtstück. Das Wichtigste: Zu den Grundstücksgrenzen hin schützen Sträucher, Kletterpflanzen, Bäume, hohe Stauden sowie Sichtschutz-Elemente vor neugierigen Blicken. Pfiffig ist auch der Sitzplatz, der nicht wie üblich direkt am Haus liegt, sondern im hinteren Gartenbereich. Die Randzonen sind üppig und bunt bepflanzt, wie man es in Gärten häufig antrifft. Anders der Rasen und der geschwungene Steinweg, sie wirken dynamisch und geben dem Ganzen etwas Verträumtes. Ein optisches Highlight: der Wasserkübel am Kellereingang.

o 1 2 3 m

N

## Optimale Lösung für ein schmales Grundstück

Dieses Gestaltungsbeispiel spiegelt die klassische Situation eines Reihenhausgartens wider: Das Grundstück ist lang und schmal. Auffallend sind die fließenden Linien, einfache und sparsam bearbeitete Materialien, ein Sitzplatz, der nicht wie üblich direkt ans Haus anschließt, sondern abseits und

EINTEILUNG DES REIHEN-HAUSGARTENS 1 Kelleraufgang 2 Granitpflaster mit Rasenfugen 3 Rasen 4 Mahagoni-Kirsche *(Prunus serrula)* 5 Flechtzaun 6 Deko-Element 7 weiß blühende Zierquitte 8 Roter Fächer-Ahorn *(Acer palmatum* 'Atropurpureum') 9 Stauden 10 Anemonen-Waldrebe 11 Lattenzaun 12 Durchgang 13 Gewöhnliche Waldrebe 14 Zier-Apfel *(Malus* 'John Downie') 15 Säulen-Hainbuchen 16 Pergola 17 große Terrasse 18 Waldrebe *(Clematis* 'Lady Betty Balfour') 19 Kletterrose 'New Dawn'

gut abgeschottet zu den Nachbarn hin liegt. Die geradlinigen Sichtschutz-Elemente aus Holz sind eine saubere Grenzlösung. Innerhalb des Gartens fällt diese strenge Abgrenzung durch die geschickte Pflanzung aus Sträuchern, Stauden und Ziergehölzen nicht auf.

FRÜHLINGSGEFÜHLE Wie herrlich es doch ist, wenn es im Frühjahr wieder überall grünt und blüht. Besonders schön sind weiße Apfelblüten *(Malus)*, wie hier eine Zierform.

## Schlanke Sträucher auswählen

Für die optische Wirkung ist es vorteilhaft, an der Grundstücksgrenze möglichst schlanke und unterschiedlich hohe Sträucher zu pflanzen. Sehr schön und wohl duftend ist zum Beispiel der Gewürzstrauch *(Calycanthus floridus)*: Er wird bis zu 3 m hoch, maximal 2 m breit und kann sich mit seinen wunderbar duftenden, dunkelbraunroten Blüten wirklich sehen lassen. Attraktiv sind auch Liebesperlenstrauch *(Callicarpa bodinieri* 'Profusion'), Roter Perückenstrauch *(Continus coggygria* 'Royal Purble') oder der Federnbuschstrauch *(Fothergilla major)*. Unter den Nadelbäumen bieten sich die Muschelzypresse *(Chamaecyparis obtusa* 'Nana Gracilis'), der Gewöhnliche Wacholder *(Juniperus communis)* in Säulenform oder der Buchsbaum *(Buxus sempervirens)*, als Pyramide geschnitten, an.

VORNEHM Blauviolett blüht die charmante *Clematis* 'Lady Betty Balfour'. Sie ist am Sitzplatz prima platziert, erfreut von August bis September mit Blüten und wird bis zu 4,50 m hoch.

# So gestalten Sie ein attraktives Staudenbeet

**EIN STAUDENBEET PASST IMMER** Ob im Rasen, an der Terrasse, im Vorgarten oder am Gartenweg: Wählen Sie die Stauden so aus, dass zu jeder Jahreszeit etwas blüht. Unterschiedliche Wuchshöhen und -formen sind ebenso wichtig wie die Farbwirkung der Blüten und die verschiedenen Blattstrukturen. Das schafft Lebendigkeit.

Stauden sind ausdauernde Pflanzen, mit denen man Gartenecken und Beete so gestalten kann, dass von Frühling bis Herbst immer etwas blüht und im Winter vielleicht Blätter oder Samenstände als Schmuck dienen, wie zum Beispiel *Sedum*, die Fetthenne.
Stauden für jeden Geschmack, für Sonne oder Schatten, für trockene oder feuchte Stand-orte gibt es in Staudengärtnereien, im Gartenfachhandel oder im Versandhandel.

### Gut planen
Zeichnen Sie eine maßstabgetreue Skizze des Beetes und suchen Sie dann für jede Saison Pflanzen aus, die zum geplanten Standort passen. Dazu sind Stauden-Kataloge und natürlich unser Porträt-Teil sehr hilfreich.

**DIE BESTE ZEIT** Legen Sie das Staudenbeet im Frühjahr oder Herbst an, dann gibt es die größte Auswahl an Pflanzen.

**VORBEREITEN** Die Pflanzen in einen wassergefüllten Eimer tauchen, austopfen und auf dem Beet verteilen.

**EINSETZEN** Die Wurzelballen genauso tief ins Pflanzloch setzen, wie sie im Topf saßen und gut andrücken.

allerdings erst im Herbst kaufen und dann in den Boden bringen. Die Pflanzstellen für Zwiebelblumen gesondert kennzeichnen, dann haben Sie es leichter beim Auspflanzen.

**Von der Theorie zur Praxis**

Da Stauden viele Jahre an ihrem Platz bleiben, müssen Sie die Pflanzfläche besonders sorgfältig vorbereiten. Das Beet umgraben, gründlich von

Listen Sie sie in einer Tabelle auf, mit Wuchshöhe und Platzbedarf in der Breite, der Blütenfarbe und Blütezeit. Besonderheiten sind ebenfalls wichtig: Ob zum Beispiel die Pflanze wintergrün ist, sich einzieht, das heißt, dass die oberirdischen Teile im Herbst absterben, oder ob sie mit dekorativen Samenständen überrascht. Tragen Sie besondere, hohe Hingucker zuerst in die Tabelle

**IN GRUPPEN PFLANZEN** Stauden am besten in Gruppen, aber nicht zu eng pflanzen. Bei der Beet-Planung daher unbedingt die endgültige Größe der Pflanzen berücksichtigen.

**GIESSEN** Die frisch eingepflanzten Stauden gründlich gießen, mit dem Gartenschlauch oder der Gießkanne.

ein. Dazu gehören Garten-Astilben, Rittersporn, Roter Sonnenhut und die Königskerze. In den vorderen Beetbereich kommen die niedrigen Polsterpflanzen, in der Mitte werden die halbhohen und hinten die hohen Stauden gepflanzt. Verteilen Sie die Gruppen so, dass immer etwas blüht. In Lücken ist Platz für Zwiebel- bzw. Sommerblumen. Tulpen, Narzissen & Co. kann man

Unkraut – vor allem von Unkrautwurzeln – befreien und die Erde mit dem Grubber fein zerkrümeln. Ist der Boden aufgelockert, Kompost drüberstreuen und organischen Dünger wie getrockneten Rinderdung oder Hornspäne oberflächlich einarbeiten. Vor der Pflanzung die Grenzen der vorgesehenen Pflanzflächen mit Sand markieren. Innerhalb dieser Linien platzieren Sie dann die Stauden.

# Gartenwege haben eine verbindende Funktion

**RINDENMULCH** Wer es natürlich möchte oder sich noch nicht endgültig festlegen kann, der wählt als Wegbelag Rindenmulch. Damit ist auf jeden Fall gesichert, dass man die Beete sauberen Fußes erreichen kann.

Es ist völlig gleich, wie klein oder groß ein Grundstück ist, die Wege müssen so angelegt werden, dass man sie möglichst bequem, das heißt sauberen Fußes und natürlich auch sicher begehen kann. Und zwar vom Haus zur Garage, zum Kompost, zur Mülltonne, an den Sitzplatz und zu den einzelnen Gartenbeeten. Deshalb ist es notwendig, dass man sich vor der Gartenanlage oder bei einer grundlegenden Umgestaltung einen genauen Plan erstellt und sich bei der Ausführung auch daran hält.

## FÜR DEN BAU DER GARTENWEGE MÜSSEN SIE SICH ZEIT NEHMEN

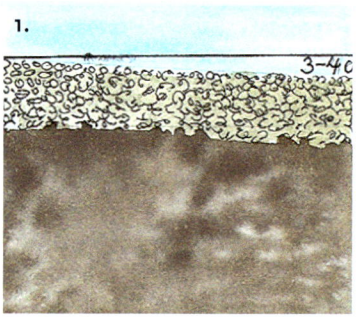

1. Die günstigste Möglichkeit, einen Weg zu bauen, ist eine wassergebundene Wegdecke. Den Boden mit grobem Sand oder Splitt verdichten oder mit einem entsprechenden Gerät gut abrütteln. Mit einer dicken Schicht aus Rindenmulch und Sand (vermischt) belegen.

2. Der Vorteil einer festen Wegdecke ist die Stabilität. Allerdings macht sie auch sehr viel mehr Arbeit. Zuerst wird ein Graben ausgehoben, mit einer etwa 20 cm dicken Kiesschicht aufgefüllt und gut festgerüttelt. Darauf folgt eine etwa 5 cm verdichtete Sandschicht.

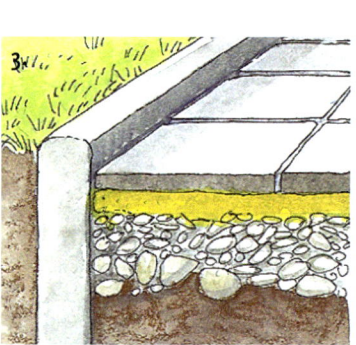

3. Für einen sauberen und geraden Abschluss zwischen Garten und Weg sollten Sie Kantensteine an den Rändern leicht überstehend oder eben verlegen. Dann die Bodenplatten in ein Sand- oder Mörtelbett verlegen. Die Muster unbedingt vorher ausprobieren.

4. Beim Verlegen von Natursteinen deren unterschiedliche Dicke berücksichtigen. Auch hier wird im Sand- oder Mörtelbett verlegt. Die Steine mit Hilfe einer Wasserwaage ausrichten, Höhenunterschiede ausgleichen, indem Sie die Platten tiefer ins Bett klopfen.

**AUFWÄNDIG** Dieser recht breite Weg ist schon etwas Besonderes: Den äußeren Rahmen bilden schlichte rechteckige Betonsteine, Hingucker sind Holztrittplatten, und ausgefüllt wurde das Ganze mit Schotter.

## Den Fachmann fragen

Wer sich unsicher ist, sollte sich bei solch schwerwiegenden Entscheidungen wie Wegen oder Treppen nicht scheuen, einen Fachmann um Mithilfe zu bitten. Immerhin gehören Wege zu den festen Einrichtungen eines Gartens, die sich später gar nicht so einfach wieder ändern lassen.

## Gestaltungselement Wegbelag

Die optische Wirkung eines Weges hängt ganz stark vom Belag ab. Eine der preiswertesten Entscheidungen ist Rindenmulch. Sehr beliebt sind Klinker-, Beton- oder Natursteine, mit denen sich attraktive Muster legen lassen. Ebenso sind Beläge aus Holz, besonders in Kombination mit Kieselsteinen, sehr beliebt.
Als grüne Alternative bietet sich Rasenpflaster an. Dazu Kopfstein- oder Betonpflaster mit mindestens 3 cm Fugen verlegen. Damit es gleichmäßig wird, Abstandshalter verwenden. Danach Erde mit Sand vermischen und in die Fugen füllen. Das Ganze gut abrütteln und noch einmal mit dem gleichen Substrat füllen. Rasen oder Trittkräuter (Sand-Thymian, Römische Kamille) einsäen.

## WEGE – DARAUF SOLLTEN SIE ACHTEN

Ganz gleich, mit welchem Material Sie Ihre Gartenwege belegen, der Unterbau braucht eine Dränage, sollte stabil und unbedingt frostfrei sein, sonst wird er sich über kurz oder lang senken.
Die Breite des Weges hängt davon ab, wie er genutzt wird: Zwischen 1,20 und 1,50 m sollte der Weg zum Hauseingang schon sein, 1,00 bis 1,20 m genügen für den Weg zum Sitzplatz oder Kompost. Für Pflegepfade, die lediglich einzelne Beete verbinden und immer nur von einer Person genutzt werden, reichen auch 40 bis 50 cm oder sogar nur Trittplatten.

**VERSPIELT** Unterschiedliche Trittsteinplatten sind zwar nicht sehr praktisch – vor allem nicht, wenn man etwas transportieren muss –, dafür aber sehr schön.

# Mosaik-Look für den Blumentopf

Was vor Jahren zögerlich begann, hat sich zu einem riesigen Trend entwickelt: Deko-Objekte für Haus und Garten aus kleinen bunten Steinchen oder Glasscherben. Kugeln, die die Terrasse schmücken, ein Tisch und eine Bank in der Gartenecke oder nur kleine Blumenstecker – Mosaik-Arbeiten sehen einfach toll aus. Und das Schönste: Die Verwandlung vom schlichten Topf in ein Glanzstück ist mit etwas Routine ein Kinderspiel.

## Mosaik hat eine lange Tradition

Schon in der Antike schmückten Kiesel-Mosaike Fußböden, und im Alten Orient wurden Gebäude damit verziert. Viele dieser aufwändigen Flächendekorationen gibt es noch heute auf der ganzen Welt zu bestaunen.

## Materialmix aus Glas- und Spiegelsplittern

Spätestens wenn Sie Ihr erstes gelungenes Mosaik, zum Beispiel einen Blumentopf, gelegt haben, werden Sie sich an größere, aufwändigere Arbeiten wie beispielsweise einen runden Tisch herantrauen. Bekleben lässt sich nahezu jeder Untergrund. Lediglich der Kleber muss entsprechend darauf abgestimmt werden. Fortgeschrittene mischen verschiedene Materialien, was natürlich super aussieht, jedoch mehr Zeit beansprucht.

### KLEINE MOSAIK-AUFHÄNGER

Probieren Sie es mit Plätzchen-Ausstechern, Modellgips und bunten Glasscherben aus dem Bastelgeschäft! Zunächst die Form mit Vaseline einreiben, so löst sich das Objekt später leichter. Gips nach Anleitung anrühren. Etwas Draht zu einem Haken formen. Ausstecher auf Karton legen, zur Hälfte mit Gips auffüllen. Drahthaken oben mittig in den Gips drücken. Die Form mit den Scherben auslegen, gut andrücken und einen Tag trocknen lassen. Objekte vorsichtig lösen und zwei Tage austrocknen lassen. Sehr schöne Deko für Balkonkästen.

**DIE ZUTATEN** Mosaiksteinchen, Fliesenkleber, Fugenmasse, Spachtel, Kunststoffschüssel, Maßband, Schwämmchen und ein Topf in beliebiger Größe.

**VERMESSEN UND PROBE LEGEN** Den Umfang des Topfbodens und die Gefäßhöhe abmessen, gewünschtes Muster zur Probe auslegen.

Für ein Mosaik eignen sich Scherben von Porzellan, Spiegeln, Keramikfliesen oder Glas, wobei sich durch das Einarbeiten von Spiegelstückchen eine ganz besondere Wirkung erzielen lässt. Fliesenreste eignen sich wunderbar. Denn je nach Objekt reichen bereits drei bis vier Kacheln, die vorsichtig mit dem Hammer zerschlagen werden. Es lohnt sich in jedem Fall, im Fachgeschäft oder Baumarkt nach Resten und Bruchplatten zu fragen.

Wer seinen Urlaub im Ausland verbringt, zum Beispiel in Italien, Tunesien, Griechenland oder Mexiko, sollte unbedingt nach handbemalten Fliesen Ausschau halten und nach erschwinglicher zweiter oder dritter Wahl fragen. Sie haben ein ganz besonderes Flair. Der hier gezeigte Topf wurde mit gekauften quadratischen Steinchen (Hobbybedarf, Baumarkt) verziert.

**TOPF-STARS** Ob Streifen- oder Karomuster: Blumentöpfe im Mosaik-Look sind etwas ganz Besonderes. Die Technik erinnert ein wenig an Puzzeln.

**EXAKT AUFKLEBEN** Die Steinchen nach dem vorgelegten Muster mit Fliesenkleber auf den sauberen Topfrand kleben. Auf gleichmäßige Fugen achten.

**VERFUGEN** Topfrand exakt abschließen, einen Tag trocknen lassen. Fugenmasse anrühren, gleichmäßig auftragen. Nach einer Stunde feucht abwischen.

# Einen Lieblingsplatz braucht jeder Gärtner

**HIER LÄSST ES SICH AUSHALTEN** Wo kann die Siesta schöner sein als in einer Hängematte unter blühenden Bäumen und mit einem erfrischenden Getränk? Rechts eine prachtvolle Margerite und auf dem Tischchen Sommerblumen.

**MUSSESTUNDE** Mit Wildem Wein *(Parthenocissus)* im Rücken lässt es sich gut ausruhen. Seine Blätter sind im Sommer grün und bilden eine dichte Hecke. Im Herbst verfärben sie sich rot und fallen ab.

Ganz gleich, wie groß oder klein der Garten ist, ein Plätzchen zum Träumen und Erholen braucht jeder. Der eine träumt am liebsten in der Hängematte, andere bevorzugen eine Bank mit Blick auf den Garten. Ein Gute-Laune-Kick kann es sein, einfach nur faul auf dem Rasen zu liegen und seine Blicke über die umliegenden Beete schweifen zu lassen. Denn nirgendwo kann man sich besser erholen als an einem Ort, an dem man sich rundum wohl fühlt. In Gesellschaft von selbst gepflanzten Blumen – seien es Rosen, Lavendel, Waldrebe, Strauchmargeriten, Petunien, Bechermalven, Rittersporn oder Zinnien, um nur einige zu nennen.

## Duftpflanzen sind wunderbare Verbündete

Was gibt es Schöneres, als einen lauen Sommerabend auf der Terrasse oder im Garten zu genießen, den Grillen zu lauschen und den wunderbaren Duft von Pflanzen einzuatmen? Der einjährige Sternbalsam (*Zaluzianskya capensis*) zum Beispiel öffnet seine sternförmigen Blüten gegen Abend und verströmt einen lieblichen Duft. Ebenso wunderbare Abend-Dufter sind die Engelstrompete, Ziertabak (allerdings nur der weiß blühende), Nachtkerzen und die Nachtlevkoje (*Matthiola longipetala* ssp. *bicornis*). Doch bei aller Begeisterung für Duftpflanzen ist es wichtig, dass ihre Düfte sich nicht übertrumpfen. Besser ist es, nicht zu viele verschiedene Arten miteinander zu kombinieren.

Mit Farben können Sie Ihr persönliches Wohlbefinden steigern. Das geht ganz einfach, indem Sie Pflanzen und Deko entsprechend auswählen:
**Grün** stärkt die Nerven, wirkt ausgleichend und beruhigend. **Blau** wirkt kühl und entspannend. **Gelb** hebt die Stimmung und setzt neue Energien frei. **Orange** steigert ebenfalls die Stimmung. **Rot** ist in hohem Maße anregend und steht für Lebenslust und Power.

## Mußestunden am Teich

Am Wasser kann man ganz besonders gut entspannen. Dabei ist es gleich, ob dies nur vom Wind bewegt wird oder dank einer elektrischen Wasserpumpe sanft über ein Hindernis plätschert. Andere wiederum können sich an den vielen Tieren, die sich hier tummeln, gar nicht satt sehen.

**OASE IM HALBSCHATTEN** Wie ein Fels in der Brandung wirkt die Steinbank. Hier kann man auch im Hochsommer angenehme, ruhige Stunden verbringen und der prallen Sonne und Hitze entfliehen.

**UMZINGELT** Die rote Holzbank ist umrahmt von Blumen und Kräutern, so dass der Weg dorthin etwas beschwerlich ist. Doch sitzt man erst einmal, lässt es sich wunderbar zwischen Borretsch, Wandelröschen und Ringelblumen träumen.

# Selbst gemachte Holz-Deko passt in jeden Garten

Mit diesen witzigen Holzfiguren heimsen Sie sich viel Aufsehen ein. Ob am Hauseingang, am Gartentor oder irgendwo am Beetrand platziert: Das Trio fällt auf.

## Werkstoff Holz

Es gibt unzählige Möglichkeiten, aus Holz pfiffige Gartendeko preiswert selber zu machen. Zunächst einmal kommt es darauf an, wie viel Zeit Sie sich nehmen wollen. Am schnellsten geht es natürlich, wenn dafür bereits vorgefertigte Teile verwendet werden. In unserem Beispiel sind es schlichte Holz-

latten, die es schon ab zwei, drei Euro im Baumarkt gibt.

## Holzfiguren sind der Renner

Wer grundsätzlich Spaß am Werken hat und dazu beim Sägen eine sichere Hand, kann sich im Nu die schönsten Figuren fertigen. Ideen dafür gibt es genug, sei es ein mannshoher Gartenmann, eine Blumenfee oder Tiere aller Art. Saisonale Hingucker wie ein Osterhase, Nikolaus, Rentiere oder Schneemann sind ebenso sehr beliebt. Das wichtigste ist eine exakte Musterzeichnung. Die gibt's im Bastelladen. Jedenfalls muss

### AUF DIE FARBE KOMMT ES AN

Holz, das draußen steht, braucht grundsätzlich Schutz. Dabei spielt es keine Rolle, ob es sich um Deko-Objekte, Stühle, Tische oder eine Bank handelt. Die noch unbehandelten Holzfiguren zunächst grundieren. Nach dem Trocknen werden mit entsprechend feinen Pinseln die Konturen gemalt, die wiederum trocknen müssen. Das Motiv wird dann nach eigenen Wünschen oder nach Vorlage aufgemalt. Nach dem Trocknen lackieren, am besten mit wetterfester Farbe.

**DIE ZUTATEN** Bleistift, drei Holzzaunlatten, Säge, wetterfeste Farbe, Pinsel, Klebepistole, Holzbohrer, Schnur, Draht, zwei Kochlöffel, Vierkantleiste, Schrauben, Tontopf. An einer Latte Katzenohren aussägen. Für den Schmetterling Flügel auf Sperrholz übertragen und aussägen. Motive aufskizzieren.

**ANMALEN** Die vorskizzierten Flächen mit Pinsel und wetterfester Farbe nach Belieben ausmalen. Für den Mund, die Augen und die Nase am besten einen wasserfesten dünnen Filzstift verwenden. Für das Blumenmädchen aus der Schnur einen langen Zopf flechten und kurze Fransen für den Pony schneiden.

**WAS FÜR EIN EMPFANGS-KOMITEE** Ganz gleich, wo Sie diese liebevollen Zaungäste hin-platzieren, Sie sorgen garantiert für Aufsehen. Die Zutaten dafür gibt es relativ preiswert im Baumarkt oder auch im Bastelladen.

das Modell zunächst einmal auf Transparentpapier gepaust und dann auf Sperrholz übertragen werden. Danach geht's ans Aus-sägen, Bemalen und Zusam-menbauen.

Wer sich das Selbermachen nicht zutraut, kann sich Rohlin-ge oder Figuren fertig kaufen, zum Beispiel im Bastelgeschäft. Es gibt sie auch als Bausatz aus unbehandeltem Holz.

**KLEBEN, BOHREN** Die Fransen für den Pony ankle-ben, Zöpfe mit einem roten Band zubinden. Für die Blumentopfhalterung aus Draht zwei Löcher in Taillen-höhe bohren. Den Draht durchfädeln, in eine runde Form biegen und die Drahtenden so auf der Rückseite miteinander verknüpfen, dass der Topf Halt hat.

**ZU GUTER LETZT** Für die Arme des Blumenmäd-chens an den Stielenden der Kochlöffel Löcher bohren und die Kochlöffel seitlich an die Figur schrauben. Auf der Rückseite jeweils ein Stück Vierkantleiste als Erd-spieß anschrauben, damit die Zaunfigur auch sicher stehen bleibt. Fertig ist der erste Zaungast.

# Natur erleben mit einem kleinen Wassergarten

**SONNENPLATZ** Geben Sie dem Teich einen sonnigen Platz. Sechs Stunden Sonne pro Tag sind ideal. Über die Mittagszeit sollte der Teich im Schatten liegen, sonst heizt sich das Wasser zu sehr auf.

Ein Gartenteich eröffnet neue Dimensionen im Garten. Er spiegelt das Licht wider, zieht Tiere an und ist ein toller Blickfang. Formen- und farbenreiche Pflanzen für Wasser und Uferbereich bieten unendlich viele Gestaltungsmöglichkeiten. Wasserpflanzen werden meist in kleinen Plastiktöpfen mit Schlitzen verkauft, durch die Wurzeln hindurchwachsen. Schneiden Sie diese Container

**MASS NEHMEN** Teichbecken auf die vorgesehene Fläche stellen und mit Pflöcken die Umrisse markieren. Die Grube ausschachten. Anfallende Erde eventuell für einen Hügel in Teichnähe verwenden.

**AUSLOTEN** Das Teichbett so ausheben, dass es an den Seiten und in der Tiefe 10 cm größer als das Becken ist. Die Sohle der Grube mit der Wasserwaage ausrichten, darauf 10 cm Sand geben.

## KINDER LIEBEN WASSER

### WASSER-SPRITZPARK

Wasser hat eine starke Anziehungskraft auf Kinder. Wenn kleine Kinder im Garten spielen oder von außen Zugang zum Teich haben, muss man die Wasserfläche kindersicher einzäunen. Oder mit einem stabil verankerten, tragfähigen Netz (Spezialhandel für Teichbedarf) oder einer Baustahlmatte abdecken.

Den Zaun kann eine Uferbepflanzung aus Büschen weitgehend kaschieren. Sowohl Netz als auch Metallgitter fallen durch die Wasserpflanzen kaum auf.

vorsichtig auf und setzen Sie die Pflanzen ohne Gefäß in die lockere Teicherde. Seerosen und Pflanzen für hohen Wasserstand werden in speziellen Körben im Teich versenkt.

Ob Sie einen Folienteich anlegen oder ein Fertigbecken aus Kunststoff verwenden, ist nicht nur eine finanzielle Frage. Der preisgünstige Teichbau mit Spezialfolie bietet den Vorteil, dass man gestalterisch völlig frei ist. Man muss nur eine Grube mit verschiedenen Randzonen und Stufen ausheben, von Steinen und Wurzelstücken befreien und die waagrechte Lage prüfen. Auf dem geglätteten Untergrund wird eine Schicht Sand, ein Teichvlies und dann erst die reichlich bemessene Folie ausgebreitet. Sie soll etwa 40 cm über den Rand hinausragen und wird mit Erde und Steinen kaschiert. Der Nachteil: Spitze Gegenstände können die Plane durchbohren.

**PFLANZEN IM GLASIERTEN KÜBEL** Ein wasserdichtes Gefäß, Wasser und ein paar Wasserpflanzen, wie hier die Wasserhyazinthe (*Eichhornia*) – fertig ist der Mini-Teich.

**UNTERFÜTTERN** Das Teichbecken auf den Sand stellen und zu einem Drittel mit Wasser füllen. Becken mit Hilfe der Wasserwaage ausrichten. Der Beckenrand muss bündig mit der umgebenen Fläche abschließen. Zwischen Becken- und Grubenwand Sand einfüllen und mit Wasser einschlämmen.

**EXAKT ARBEITEN** Damit das Teichbecken beim Einschlämmen nicht aufschwimmt, schrittweise mit Wasser füllen. Dann den Teichrand gestalten, zum Beispiel mit Kies und großen Steinen. Am Rand Stauden und Gräser pflanzen; in den Teich vorerst nur eine kleine Auswahl von Pflanzen setzen.

# Gemischte Hecken sind eine Augenweide

PFLEGELEICHT Blumen-Hart-
riegel zeichnet sich durch Robust-
heit und herrliche Blüten aus.

HERBSTSCHÖNHEIT Die
Schönfrucht schmückt sich im
Herbst mit aparten Beeren.

Für frei wachsende Blütenhecken verwenden Sie Sträucher,
die zu jeder Jahreszeit, sei es
durch Blüten, Früchte oder
attraktive Herbstfärbung zum
Hingucker werden. Und das
Gute ist: Vom Auslichten mal
abgesehen, brauchen sie keinen
Schnitt.

Die Blütenhecke wird im Garten
nicht nur als Windfang und Kli-
maschutz gepflanzt, sondern
auch als Sichtschutz und Zaun-
ersatz. Sie ist eine sehr dekorative und liebenswerte Begren-
zung. Denn sie hat auch einen
nützlichen Nebeneffekt: Sie bietet für allerlei Kleingetier und
Vögel Unterschlupf.

## Wann ist Pflanzzeit?

Sommergrüne Blütensträucher
mit Ballen oder Containerware
pflanzt man am besten im Oktober und November. Nur in
sehr rauen Lagen und bei
besonders empfindlichen
Gewächsen wartet man bis
zum Frühjahr.

### DIE BESTEN BLÜTEN-, FRUCHT- UND LAUBGEHÖLZE

| Name | Höhe in m | Breite in m | Blütezeit | Blütenfarbe/ Besonderheit |
|---|---|---|---|---|
| Amelanchier ovalis (Echte Felsenbirne) | 1–3 | 1–3 | IV–V | schöne Herbstfärbung |
| Chaenomeles-Hybriden (Zierquitte) | 0,5–2 | 1–1,5 | IV–V | rote Blüten, gelbe Früchte |
| Cornus alba (Weißer Hartriegel) | 3–4 | 4–4,5 | V–VI | weiße Blüten |
| Crataegus monogyna (Eingriffliger Weißdorn) | 2–6 | 2–4 | V–VI | weiße Blüten, rote Früchte |
| Deutzia gracilis (Zierliche Deutzie) | 0,6–0,8 | 1–1,5 | V–VI | weiße Blüten |
| Forsythia-Hybride (Forsythie) | 1,5–4 | 1,2–2 | II–IV | gelbe Blüten, Frühblüher |
| Philadelphus (Sommerjasmin) | 2–3 | 1,5–2 | V–VI | weiße Blüten, duftend |
| Prunus cerasifera (Blut-Pflaume) | 5–7 | 3–6 | II–IV | Frühblüher, Früchte tragend |
| Ribes sanguineum (Blut-Johannisbeere) | 1,5–2 | 1,5–2 | IV–V | rote Blüten |
| Sorbus aucuparia (Eberesche) | 6–12 | 4–6 | V–VI | orangerote Beeren |
| Spirea × arguta (Schnee-Spiere) | 1,5–2 | bis 2 | VI–IX | weiße Blüten |
| Viburnum davidii (Kissen-Schneeball) | 0,5–0,8 | 1–2 | VI | rosa Blüten |
| Weigela florida (Weigelie) | 1,5–1,8 | ca. 2 | V–VII | dunkelrosa Blüten |

**KEINE ALLTÄGLICHE HECKE**  Der Herbstauftritt dieser Vierjahreszeiten-Hecke kann sich sehen lassen:
1 Rosen-Eibisch 'Blue Bird' hat tiefblaue Blüten  2 Rostbart-Ahorn mit dekorativer Rinde  3 Duft-Schneeball
4 Gelbbunte Weigelie 'Nana Variegata' treibt cremeweiß geränderte Blätter  5 Zier-Apfel 'Red Sentinel'  6 Kornel-
kirsche  7 Zwerg-Forsythie 'Weekend'  8 Bauern-Hortensien mit großen Blütenbällen  9 Zierquitte  10 Deutzie
'Mont Rose' wächst auch im Halbschatten  11 Federbuschstrauch  12 Kleinstrauchrose 'The Fairy'

## Gut vorbereiten

Die Pflanzstelle zunächst von Stelnen und Unkräutern befreien. Dann ein geräumiges Pflanzloch ausheben, die Erde gut lockern und mit organischem Dünger und Kompost anreichern; ebenso den Aushub. Das Gehölz ins vorbereitete Pflanzloch stellen; zuvor den Wurzelballen gründlich wässern. Bei Containerpflanzen den Ballen etwas aufrauen. Ist der Wurzelballen in ein Tuch gehüllt, dieses Ballentuch lösen und entfernen, sonst können sich die Wurzeln nicht frei entwickeln. Bevor Sie das Pflanzloch zur Hälfte mit der ausgehobenen Erde auffüllen, die Erde rund um den Wurzelballen gut festtreten und kräftig angießen. Die Pflanzstelle am besten gleich mit Grasschnitt, Kompost oder Rindenmulch abdecken. Das hält den Boden länger feucht und locker und unterdrückt den Unkrautwuchs. Gepflanzt wird im Wechsel, das heißt die hohen Gehölze kommen nach hinten, dazwischen kommen kleinere, und in vorderster Reihe stehen dann die Kleinsträucher. Am schönsten wird die Hecke, wenn Sie bei der Auswahl auch auf unterschiedliche Blühzeiten und -farben sowie dekorativen Blattschmuck achten.

# Wie wär's mit einem Landhausgarten?

**NATÜRLICHKEIT IST TRUMPF** Man kann sich kaum satt sehen an Mohn, Ringelblumen, Borretsch und Kamille. So üppig kann die Natur sich entfalten, wenn man sie lässt, wie sie ist: farbefroh und vielseitig.

## BLUMEN FÜR DEN LAND-HAUSGARTEN

- Stockrose *(Alcea rosea)*
- Löwenmaul *(Anthirrhinum majus)*
- Akelei *(Aquilegia vulgaris)*
- Glockenblume *(Campanula-Arten)*
- Bartnelke *(Dianthus barbatus)*
- Goldlack *(Erysimum cheirii)*
- Madonnen-Lilie *(Lillium candidum)*
- Lupine *(Lupinus polyphyllus)*
- Levkoje *(Matthiola annua)*
- Jungfer im Grünen *(Nigella)*
- Kapuzinerkresse *(Tropaeolum majus)*
- Stiefmütterchen *(Viola tricolor)*

Lange Zeit waren Kartoffeln, Bohnen, Erbsen oder ein Quittenbaum im Garten verpönt. Zu traditionell, zu viel Arbeit, zu teuer, so die Argumentation der meisten. Doch seit den Rosamunde-Pilcher-Filmen können sich selbst ehemals härteste Gegner für einen kunterbunten Landhausgarten begeistern. Das Besondere: Wer erst einmal damit angefangen hat, Nutzpflanzen mit Zierpflanzen zu kombinieren, kommt nicht mehr davon los. Einerseits begeistert die Zwanglosigkeit,

in der gestaltet werden kann, andererseits werden Kindheitserinnerungen wach, die unser Innerstes berühren.
Wir müssen nicht mehr vom Garten unserer Großmutter träumen, der farbenfroh, voller Düfte, Früchte, Gemüse und Kräuter war, sondern können unsere Lieblingsecken von damals realisieren.

### Gärtnern kann zur Leidenschaft werden
Bevor Sie loslegen, zeichnen Sie sich zunächst die Maße der zur

Verfügung stehenden Fläche auf. Auf einem anderen Blatt notieren Sie sich all Ihre Wünsche: eine Rosenlaube mit Sitzbank, welche Gemüse es sein sollen, Himbeersträucher, Platz für eine Brombeerhecke, eine Kräuterecke zum Beispiel. Und natürlich viele, viele Blumenbeete zum Darinschwelgen sowie prachtvollen Vasenschmuck.

## Ideen gibt es genug

Der Plan unten zeigt einen modernen Bauerngarten, dessen Schwerpunkte Kräuter, Gemüse und Beeren sind. Statt eines traditionellen Brunnens in der Mitte lenkt ein Weiden-Rankgerüst die Blicke auf sich.

Das Wichtigste für jeden Garten ist der Rahmen, dem Sie ihm geben. Ohne einen Zaun, sei es ein schlichter aus Holzlatten oder ein Jägerzaun, einer aus Metall oder eine gepflanzte Hecke, wirkt das Ganze irgendwie haltlos und verloren.

## Alltags-Kräuter in greifbare Nähe pflanzen

Schnittlauch, Petersilie, Basilikum, Dill oder Oregano, die Kräuter eben, die Sie am häufigsten brauchen, sollten unbedingt in der ersten Reihe stehen. Damit erleichtern Sie sich das Ernten ungemein.

**BEET FÜR BEET EIN GENUSS**

Im vom Buchs umsäumten Beet wachsen Blattsalate, Kohlgemüse und Ringelblumen. Das Beet regelmäßig hacken und bei Trockenheit gießen. Genießer-Tipp: Salate regelmäßig nachpflanzen, so haben Sie den ganzen Sommer Ernten.

**MMH, WIE LECKER!** Ein Küchenkräutergarten wie ihn jeder Feinschmecker gerne hätte. Im Kräuterbeet, links, tummeln sich Thymian, Salbei, Minze, Mutterkraut und Dill. Die Abgrenzung zum Kiesweg besteht aus gelb blühendem Heiligenkraut. Auf der anderen Seite: verschiedene Salate, Buschbohnen, Bohnenkraut, als Beeteinfassung glatte Schnittpetersilie. In den Beeten dahinter: Mangold, Zuckererbsen, Möhren, Radieschen, Spinat, Himbeeren und andere. Durch das Ernten enstandene Lücken können mit Blattsalaten aufgefüllt werden.

# Ein Sandsteintrog im Nostalgie-Look aus eigener Werkstatt

Früher fertigte man Sandsteintröge zur Fütterung der Tiere an. Sie wurden in der Regel ziemlich grob aus einem Stück gehauen. Diese rustikalen Steintröge sind heute als Schmuckstücke für den Garten sehr begehrt, denn sie sehen gut aus und lassen sich wunderschön bepflanzen. Der große Nachteil: Sie sind kaum noch zu bekommen und wenn, dann recht teuer. Preisgünstiger, aber fast ebenso dekorativ und zudem um einiges leichter sind aus Keramikbrei gegossene „Sandsteintröge", die Sie mit entsprechender Patinafarbe auf alt trimmen können. Schauen Sie sich die Step-by-Step-Abfolge einmal an. So kinderleicht können Sie sich Ihre eigenen Steintröge herstellen. Rechteckig, rund oder quadratisch, alle Formen sind möglich.

## Das brauchen Sie dafür

Eine Schalung – wie beispielsweise beim Betongießen. In diesem Fall genügt ein stabiler Karton in der gewünschten Troggröße. Das kann zum Beispiel ein gelbes Postpaket in der Standardgröße M (35 x 35 x 12 cm), L (40 x 25 x 15 cm), oder XL (50 x 30 x 35 cm) oder jeder beliebige andere Karton sein. Außerdem einen passenden Schalungskern, der etwa 8 cm kürzer und 5 cm niedriger als

### DEN TROG SCHÖN BEPFLANZEN

Die ideale Besetzung für den Trog ist Efeu mit einer blühenden Wechselbepflanzung, die im Frühjahr, Sommer, Herbst und Winter für Farbe sorgt. Für einen sonnigen Standort bieten sich robuste Steingartenpflanzen und klein bleibende Nadelgehölze an. Auch hier kann immer etwas blühen. Überhängende Polsterstauden an den Trogrand setzen, aufrechte Gewächse in den Hintergrund. Wichtig: Staunässe vermeiden, indem Sie vorm Einfüllen der Erde den Topfboden dick mit Kies oder Tongranulat bedecken.

die „Gussform" sein sollte. Hierfür kann man einen Styropor-Quader zuschneiden, der sich auch aus Einzelplatten zusammensetzen lässt. Zum Auslegen des Kartons und Einhüllen des Kerns ist eine stabile, ausreichend große Folie nötig. Außerdem brauchen Sie einen großen Eimer oder Mörtelkübel zum Anrühren der Keramikmasse, ein kleines Gefäß zum Abmessen von Keramikpulver und Wasser (Mischungsverhältnis 4:1), einen Stock zum Umrühren und Wasser (am besten in einer Gießkanne). Keramikpulver und Pulver zum Einfärben sowie Patinafarbe gibt es überall im Hobby- und Bastelbedarf.

**KARTON ALS GIESSFORM**
Einen stabilen Karton mit reißfester Plastikfolie auslegen. Falten nicht glätten, sie geben dem Gefäß später eine Struktur, die aussieht, wie vom Steinmetz gemeißelt.

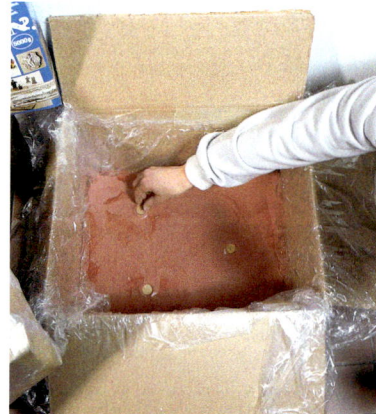

**WASSERABZUG** Keramikpulver und Wasser (4:1) sowie rotes Einfärbepulver zu Brei mischen, damit 5 cm dick den Boden begießen. Korken reindrücken und so die Wasserabzugslöcher freihalten.

**FIX GEMACHT** Der selbst gemachte Pflanztrog kann sich sehen lassen. Dank der zugegebenen Patinafarbe sieht der Trog bereits nach dem Austrocknen wie echter Natursandstein aus.

**STYROPOR-INNENKERN** Passenden Innenkern (Styroporblock, mit Sand gefüllter Karton) in Folie hüllen und mittig platzieren; ringsum ca. 4 cm Abstand halten. Zwischenraum mit Keramikbrei füllen.

**AUSTROCKNEN LASSEN** Ist die Masse (nach ca. 3 Tagen) gehärtet, Innenfolie aufschneiden und den Kern herausheben. Mit scharfem Messer den Außenkarton aufschneiden, Korken und Folie entfernen.

**LETZTER SCHLIFF** Mit einem Schwämmchen die Patinafarbe auftragen. Das lässt den Trog gleich um Jahre altern. Die natürliche Patina braucht Zeit. Mit sechs, sieben Jahren müssen Sie rechnen.

# Rosen sind überall gern gesehene Gäste

**ZUM VERLIEBEN** Schöner kann ein Rosengarten wohl kaum sein. Aus der Rosenfamilie sind 'Maria Lisa', 'Mosel', 'Mary Rose®' und 'Louise Odier' vertreten.

Wo immer im Garten ein Platz an der Sonne frei ist oder ein Farbklecks gewünscht wird – versuchen Sie es mit Rosen. Ein Rosenbogen bietet sich am Garteneingang, Sitzplatz, an der Pergola oder zur Unterbrechung eines langen Gartenweges an. Sehr schön sind die Sorten 'Veilchenblau®', 'New Dawn®', 'Ghislaine de Féligonde' oder 'Rotfassade®', für die *Clematis*-Hybriden eine reizvolle Ergänzung sind. *Clematis-*

### PFLEGELEICHTE KLEINE BEETROSEN

| Sorte | Höhe in m | Blütenfarbe | Duft |
|---|---|---|---|
| Brautzauber® | 0,7–0,8 | weiß | – |
| Lions-Rose® | 0,7–0,8 | cremeweiß | – |
| Goldschatz® | bis 0,7 | gelb | – |
| Sunlight Romantica® | 0,4–0,5 | gelb | intensiv |
| Marie Curie® | 0,4–0,6 | goldbraun | mittel |
| Vinesse® | bis 0,6 | orangerot bis gelborange | leicht |
| Gebrüder Grimm® | bis 0,8 | orangerot bis pfirsichfarben | – |
| Bonica® 82 | 0,6–0,8 | zartrosa | – |
| Mariatheresia® | 0,7–0,9 | zartrosa | leicht |
| Fortuna® | 0,6–0,7 | lachsrosa | – |
| Yesterday® | 0,4–0,6 | rosa bis lavendelfarben | leicht |
| Duftwolke ® | 0,5–0,6 | korallenrot | besonders stark |

**VERLOCKENDER VEILCHEN-DUFT** Diese Hochstammrose 'Graham Thomas®' passt schön in Staudenrabatten oder auf die Terrasse. Das Besondere sind ihr Duft und die bernsteinfarbenen Blüten, die sich mit dem Verblühen gelb verfärben.

Sorten wie 'The President', blau blühend, 'Prince Charles', hellblau, 'Henryi', weiß, oder die purpurfarbene 'Kardinal Wyzynski' sind besonders empfehlenswert. Attraktive Partner in gemischten Rabatten mit Stauden und Gräsern sind Strauch- und Hochstammrosen.

## Strukturieren Sie Ihren Garten

Wer Abwechslung liebt, sollte den Garten in verschiedene Räume einteilen und diese einzelnen Felder individuell gestalten. Zum Beispiel eines mit Gemüse,

Obst und Kräutern. Hierfür würde sich zum Beispiel eine Früchte tragende Wildrose wie die Bibernell-Hundsrose *(Rosa hibernica)* oder eine Zimt-Büschel-Rose *(Rosa majalis x multiflora)* eignen. Ein weiteres Beet sollten Sie für Sommerblumen (zum Beispiel Sonnenblumen, Kornblumen, Kosmeen, Bechermalven, Jungfer im Grünen, Mehl-Salbei, Schleierkraut) reservieren und mit Edelrosen kombinieren. So ist Ihnen über viele Wochen hinweg nicht nur ein kunterbunter Anblick gewiss, sondern sie erhalten auch prachtvolle Blumensträuße zum Nulltarif.
Ein Staudenbeet (beispielsweise mit Frauenmantel, Akelei, Astilben, Mädchenauge, Rittersporn, Kokardenblume, Margeriten oder Flammenblumen) sorgt mit Strauch- und Hochstammrosen kombiniert für Aufsehen. Ob Sommerblumen oder Stauden, die niedrigen Blumen werden vorne platziert, höhere in der Beetmitte oder hinten. Optischen Halt bekommen einzelne Beete durch eine Einfassung mit niedrigen Buchshecken (sie lassen sich leicht durch Stecklinge ziehen).

**BAUERNGARTEN-FLAIR** Dieser zauberhafte Rosenbogen ist das Tor zum Nutzgarten. Zu Füßen der prachtvollen, roten Schönheit tummeln sich stattliche Begleiter. Rittersporn, Lilien, Zier-Lauch, Mittagsgold, Margeriten, Storchschnabel, Kokardenblume, Mädchenauge, Fingerhut und viele andere sind mit von der Partie.

Genauso gut können Sie dafür Lavendel, Heiligenkraut, Ysop, Thymian oder Frauenmantel nehmen. In Frage kommen auch öfter blühende Zwergrosen wie 'Mandarin®', 'Little Artist®' oder Zwergkönig 78®'.

# Sitzplatz mit Natursteinbelag

Es gibt viele Möglichkeiten, einen Sitzplatz zu etwas Besonderem zu machen: durch eine besonders tolle Bank, eine außergewöhnliche Bepflanzung oder einen modernen Belag aus Kunstrasen. Doch wie wäre es mit einem kunstvollen bläulich-weißen Steinbelag? Mit Geduld und handwerklichem Geschick können Sie ihn leicht selbst machen. Denn bei einem Durchmesser von 1,5 m, wie bei unserem Beispiel, ist das Ganze arbeits- und kostenmäßig noch überschaubar. Der Clou: die gebogene Mauer mit der schlichten Holzbank für Mußestunden.

Eine Steinspirale bietet sich besonders für kleine Flächen an. Wäre sie doppelt so groß, würde sie wuchtig und dominant wirken.

**BEGRADIGEN** Sobald Sie etwa 50 cm verlegt haben, ein Holzbrett quer auflegen und die Steine mit einem Holzhammer vorsichtig ins Mörtelbett klopfen. Alle Steine sollten auf der gleichen Höhe liegen.

**DAS STEIN-PUZZLE BEGINNT** Zunächst einen 1,5 m-Kreis abstecken und den Boden vorbereiten. Damit die Fläche eben bleibt, eine dünne Mörtelschicht auftragen und glätten. Jetzt vom äußeren Rand nach innen ein dickes Mörtelbett auslegen, flache Kiesel gleichmäßig hineinlegen. Arbeiten Sie immer in Teilstücken und verwenden Sie zur Markierung ein Farbspray oder Sand, dann wird es exakter. Ein etwa 4 cm breites Segment mit Mörtel füllen, die Schieferstücke so hineindrücken, dass die flachere Kante nach oben zeigt. Das Foto oben zeigt einen Kieselstreifen. Dafür zwischen dem äußeren Rand und dem Schieferkreis etwa 2,5 cm dick Mörtel einfüllen und die runden Kieselsteine so tief hineinstecken, dass die Oberkante knapp über der des Schiefers liegt. Je dichter und akkurater Sie arbeiten, umso schöner wird das Ergebnis.

## WERKZEUGE UND ZUTATEN

Bevor Sie ans Werk gehen, müssen Sie sich im Baustoffhandel folgende Zutaten besorgen:
- 4:1 gemischten Mörtel
- 75 kg grüne, flache Flusskiesel
- 75 kg grünen Schieferbruch
- 250 kg kleinere grüne Kieselsteine
- 1:3 gemischten Trockenmörtel

Und an Werkzeugen brauchen Sie eine Richtschnur mit Pflock, einen Spaten, Maurerkelle, Handschaufel, Kreide, Holzbrett, Holzhammer, Seil, Bürste, Schlauch mit einer feinen Sprühdüse.

Mörtel gibt es übrigens schon fix und fertig gemischt, er muss nur noch mit Wasser verrührt werden. Verlegen Sie die Spirale nicht bei Frost, sonst kann es beim Mörtel Probleme geben, zum Beispiel dass er reißt.

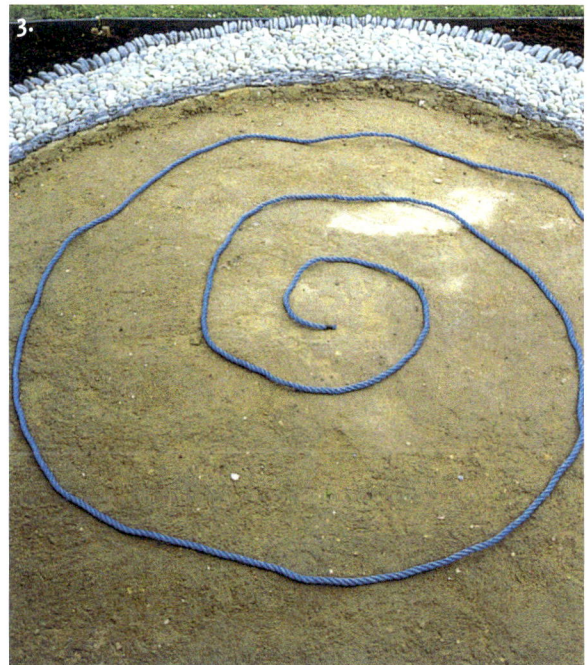

**SPIRALFORM MARKIEREN** Der äußere Ring ist fertig. Jetzt mit einem Seil die Form auslegen und den Verlauf mit Kreide markieren. Das Seil wieder entfernen und die einzelnen Stein-Ringe nacheinander so dicht wie möglich legen; dabei das Gefälle im Auge behalten und die Steine immer wieder festklopfen.

**SPIRALE LEGEN** Beginnen Sie in der Mitte mit der Fertigstellung der Spirale. Legen Sie die Kiesel so dicht wie möglich. Klopfen Sie sie regelmäßig fest und kontrollieren Sie das Gefälle. Die fertige Spirale wird sich noch setzen. Warten Sie ein paar Tage, bis Sie Trockenmörtel in die trockenen Fugen bürsten.

**DAS KUNSTWERK IST FERTIG** Am Ende wird der Mörtel gut abgefegt und der Zement in den Fugen vorsichtig mit Wasser eingesprüht. Nach einer Woche ist der Sitzplatz aus Kieseln und Schieferbruch begehbar.

# Ein Teich im Garten ist immer Klasse!

**FRÜHBLÜHER** Die Zaubernuss *(Hamamelis)* blüht schon im Januar.

**STATTLICH** Die Kugel-Robinie passt auch schön in den Vorgarten.

Kaum zu glauben, was dieser quadratische, kleine Garten alles zu bieten hat. Hinter einem wunderschönen Wassergarten liegt ein recht großzügig bemessener Sitzplatz zum Genießen und Festefeiern. Bäume, Sträucher, Stauden und Sommerblumen umrahmen das Ganze. Recht schwungvoll geht's in der Gartenmitte und am Teichrand zu – dank der Gräser.

Wer kommt bei solch reizvollen Ansichten schon auf den Gedanken, dass es sich bei diesem perfekten Kleinod um einen Siedlungsgarten handelt! Er hat so gar nichts Rustikales

**GUT AUFGETEILT** 1 Wohnen 2 Terrasse, Betonplatten 3 Hochbeet 4 Zaubernuss 5 Weg, Betonpflaster 6 Gehölze, Stauden 7 Kuchenbaum *(Cercidiphyllum japonicum)* 8 Hainbuchenhecke 9 Flechtzaun 10 Blockstufe, Granit 11 Kugel-Robinie *(Robinia pseudoacacia* 'Umbraculifera') 12 niedrige Buchshecke 13 Sitzplatz, Betonpflaster 14 Gartenleuchte 15 Teich 16 Holzstreben als Sichtblende 17 Holzlager

**SCHÖN ABGESCHOT-
TET** Der Anblick dieses Ent-
wurfs lässt einen in Entzü-
cken geraten. Das 85 m² große Grundstück ist perfekt
durchdacht. Von der Terrasse
am Haus geht es über eine
Granit-Blockstufe über einen
geschwungenen Weg am
Teich vorbei zum zweiten Sitzplatz.
Hier am Wasser ist der richtige
Platz zum Erholen. Man sitzt abseits, hat aber alles im Blick. Wunderbar ist die harmonische Bepflanzung in vielen Grüntönen und
sanften Farben. Zugegeben, bis die
Anlage soweit ist, brauchen Sie viel
Muskelkraft und erfahrene wie tat-
kräftige Unterstützung oder mindestens 10 000 € für Landschafts-
gärtner, Materialien und Pflanzen.
Doch Sie können sicher sein, dass
sich eine solche Investition lohnt!

oder Ländliches, sondern sieht
im Gegenteil richtig nobel aus!
Durch die geschickte Randbe-
pflanzung wirkt der Garten
lebendig und größer, als er in
Wirklichkeit ist. Perfekt ist der
Wechsel von Holzwand und
Hainbuchenhecke und Sträuchern. Dadurch lässt sich ein

weitaus harmonischeres Bild
erzielen als durch eine gleich-
förmige Heckenbepflanzung.
Durch die großzügige und
abwechslungsreiche Stauden-
bepflanzung ist kaum nackte
Erde zu sehen. Das macht es
Unkräutern und Ackergräsern
natürlich etwas schwerer.

# Machen Sie Ihre Steinplatten selbst!

## LEICHT NACHZUMACHEN

Trittsteinplatten sind praktisch und äußerst dekorativ. Man kann sie überall im Garten einsetzen: im Rasen oder in Beeten.

## DAS SOLLTEN SIE NOCH WISSEN

- ▶ Platten am besten im Frühjahr oder Sommer anfertigen.
- ▶ Für runde Formen gibt es Ringe im Baumarkt.
- ▶ Bei größerem Bedarf an Steinplatten empfehlen sich mehrere Rahmen.
- ▶ Es gibt Fertigmörtel zu kaufen: Mischung aus Zement, Sand, Wasser (lässt sich gut in der Schubkarre anmischen).
- ▶ Platten mit Klarlack witterungsbeständig versiegeln.

Wenn Sie das Besondere lieben und Spaß am Experimentieren haben, sollten Sie es sich nicht entgehen lassen, Bodenfliesen für den Garten selbst anzufertigen. Es ist zwar nicht zu emp-

fehlen, größere Flächen damit zu belegen, als dekorative Trittplatten jedoch, die von einem Beet zum anderen oder zu einem Sitzplatz führen, sind sie ideal. Schön ist auch ein Mus-

**MATERIAL:** Quarzsand, weißer Zement, Abtönfarbe, Kieselsteine, 4 Holzleisten (2 cm breit, 31 cm lang), Kelle, Schrauben, Schraubenzieher, Holzspieß, Kunststofffolie, einen breiten und einen feinen Pinsel, Speiseöl.

**HOLZRAHMEN ANFERTIGEN** Zunächst aus den 4 Holzleisten einen stabilen, quadratischen Holzrahmen anfertigen; die Schraublöcher vorbohren. Die Folie großzügig ausbreiten und den Rahmen aufsetzen. Dann die Folie und die Rahmeninnenseiten mit Öl einpinseln.

**BETON ANRÜHREN** Den Zement mit Quarzsand (3 Teile Zement, 1 Teil Sand) und etwas Wasser in einem kleinen Eimer anrühren. Nach Belieben Abtönfarbe in Grau, Blau oder einem Rotton dazugeben. Den glatt gerührten Zement sofort in den vorbereiteten Holzrahmen füllen.

termix, zum Beispiel auf der Terrasse, denn man kann die Platten auch gut mit gewöhnlichen Pflastersteinen kombinieren.
Wie wäre es mit einem Schachbrettmuster? Dafür müssen Sie mehrere Platten anfertigen und ein paar Tage austrocknen lassen. Inzwischen einen Eimer

voll groben, dunklen Kiesschotter und 30 x 30 cm große Kunststoffgitter im Baumarkt besorgen. Einen Platz im Garten auswählen, die Fläche einebnen und die Fliesen und Kunststoffgitter eng aneinander liegend im Wechsel anordnen. Abschließend die Gitter mit dem dunklen Kiesschotter auffüllen.

Sehr schön sieht es auch aus, wenn Sie die Gitter mit Kräutern, wie Römischer Rasenkamille (*Anthemis nobilis* 'Treneague') oder Korsischer Minze (*Mentha x requienii*), bepflanzen. Beide werden nur 10 cm hoch und sind äußerst robust und trittfest; sie brauchen jedoch tiefgründige Erde.

**GLATTSTREICHEN UND VERZIEREN** Mit der Glättkelle den Zementbrei einige Male festdrücken, die Oberfläche glattstreichen. Nun für die Trittplatte mit einem Holzspieß das gewünschte Muster in die Masse ritzen. Die feinen Linien mit einem Pinsel nachziehen und die Kieselsteine eindrücken.

**REICH VERZIERT** Die selbst gemachte, quadratische Gartenfliese ist ein schöner Blickfang, besonders, wenn sie auf dem Rasen liegt. Das Dekor können Sie nach Ihren Vorlieben selbst bestimmen – durch Einritzen und Auslegen mit Steinchen, wie hier, oder auch mit farbigen Glassplittern oder Muscheln.

# Auch im Schatten kann Ihnen etwas blühen

Schattenecken gibt es in jedem Garten – im Bereich hoher Bäume sowie vor hohen Hecken und Mauern. Diese Plätze besitzen eine geheimnisvolle Ausstrahlung und Anziehungskraft. Sie sind meistens angenehm kühl und feucht, was an heißen Tagen sehr erfrischend ist. Daher sollte man solche Gartenecken gezielt nutzen und als Oase der Ruhe und Erholung mit einer Bank oder Sitzgruppe und vielen Pflanzen einladend gestalten.

## Schön grün und farbenfroh

In der lichtarmen Umgebung gedeihen zwar keine sonnenhungrigen Sommerblumen oder Beetstauden, es gibt aber genügend andere Gewächse, die sich hier wohl fühlen. Zu diesem Schattenpflanzen-Sortiment gehören ausdauernde und einjährige Pflanzen, Zwiebelblumen und Gehölze, die ursprünglich im Wald oder am Waldrand wuchsen und durch Auswahl und Züchtung zu Zierpflanzen wurden.

Darunter befinden sich auch viele Gäste aus fernen Ländern. So sind beispielsweise Strauch-Hortensien *(Hydrangea macrophylla)* und Funkien *(Hosta)* in Japan zu Hause. Den Geißbart *(Aruncus dioicus)* findet man rund um den Globus in kühlen Regionen.

**SCHÖN IM SCHATTEN!** Holen Sie schattige Gartenbereiche aus ihrer Schmollecke. Mit prächtigen Blattstauden, wie Funkien, Teller-Hortensien und bunten Fleißigen Lieschen haben Sie die besten Chancen.

## Standort-Wünsche

Schattenpflanzen wachsen am Naturstandort in einem immer leicht feuchten, lockeren und sehr humusreichen Boden. Da ist es besonders wichtig, den Gartenboden gut vorzubereiten, durch spatentiefes Umgraben zu lockern und dabei Unkräuter herauszusammeln. Anschließend reichlich Kompost einarbeiten; wenn möglich Laubkompost. Er ist leicht sauer und hat eine lockere, schuppige Struktur. Dafür wird Herbstlaub ohne andere Pflanzenabfälle kompostiert.

## Beste Zeit zum Pflanzen

Die beste Pflanzzeit ist von März bis Mitte Mai sowie von September bis Mitte Oktober. Die Herbstpflanzung hat den Vorteil, dass gleichzeitig Blumenzwiebeln ins Schattenbeet oder unter Bäumen und Sträuchern einquartiert werden können. Wichtig: Pflanzen nie einzeln setzen, sondern in Gruppen. Dann kommen Sie besser zur Geltung.
Die klassische Schattenkombination besteht aus einem mit Blüten- und Blattstauden, Zwiebelblumen und Sträuchern unterpflanzten hohen Laubbaum. Er filtert in der heißen Jahreszeit die sengenden Sonnenstrahlen, lässt aber im

> **DIE SCHÖNSTEN PFLANZEN FÜR SCHATTENECKEN**
>
> ▸ **Laub- und Blütengehölze:** Fächer-Ahorn, Lavendelheide, Lorbeerrose, Mahonie, Rhododendron, Schneeball, Strauch-Hortensie
> ▸ **Klettergehölze:** Waldrebe, Efeu, Geißblatt, Kletter-Hortensie, Pfeifenwinde
> ▸ **Blütenstauden**: Akelei, Dreiblatt, Eisenhut, Etagen-Primel, Frauenmantel, Geißbart, Leberblümchen, Lerchensporn, Nachtviole, Astilbe, Roter Fingerhut, Silberkerze, Tränendes Herz, Wald-Glockenblume
> ▸ **Zwiebel- und Knollenpflanzen:** Buschwindröschen, Maiglöckchen, Türkenbundlilie, Schneeglöckchen, Wild-Alpenveilchen, Winterling
> ▸ **Blattstauden:** Bergenie, Funkie, Purpurglöckchen, diverse Farne
> ▸ **Bodendecker:** Elfenblume, Enzianbleiwurz, Gefleckte Taubnessel, Kleines Immergrün, Lungenkraut, Schaumblüte
> ▸ **Einjährige:** Semperflorens-Begonie, Fleißiges Lieschen – sie bringen Farbe ins Spiel

Herbst, Winter und Frühjahr das sanfte Licht und die Wärme bis zum Boden und zur Unterpflanzung hindurch. Nadelgehölze sind daher als Schattenspender weniger geeignet.
Wenn vorhandene Nadelgehöl-

ze oder eine Gartenmauer beziehungsweise Garagenwand für undurchdringlichen Schatten sorgen, sollte die Morgen- oder Abendsonne wenigstens ein paar Strahlen hierher schicken können.

**SCHATTENKÜNSTLER** Farne sind faszinierende und robuste Gewächse, die den Schatten lieben.

**FARBENFROH** Wo sie sich wohl fühlen, säen sich diese Lerchensporn-Arten selber aus. Hinten Knollen-Lerchensporn (*Corydalis solida*, rosa), vorne Gelber Lerchensporn *(Pseudofumaria lutea)*.

# Trockenmauer:
# Kleinod für Steingartenpflanzen

Eine Trockenmauer ist im Prinzip nichts anderes als ein senkrechter Steingarten. Man kann sie überall dort errichten, wo die Fläche für ein Beet ungeeignet und die Lage zu sonnig oder zu trocken ist. Allerdings braucht sie eine feste Bodenerhöhung im Rücken, an die sie sich anlehnen kann. Denn dieser nur lose aufgeschichtete Steinwall muss wegen der Stabilität, aber auch um einen besseren Wasserabzug zu sichern, stets leicht nach hinten geneigt sein.

## Fundament

Bleibt die Höhe der Mauer unter 1 m, genügen als Unterlage große Kieselsteine und Sand. Dafür einen flachen, etwa 30 cm tiefen Graben ausheben, der zu zwei Dritteln gefüllt wird. Höhere Mauern brauchen ein sicheres Beton-Fundament. Für den Aufbau stets nur Bruchsteine oder -platten aus gleichem Material gleicher Herkunft ver-

**PFLEGELEICHT** Sukkulentengewächse, wie zum Beispiel Rosetten-Dachwurz *(Sempervivum)*, gehören zum Sortiment der Steingartenpflanzen. Diese brauchen nur wenig magere Erde unter den Wurzeln und wenig Wasser.

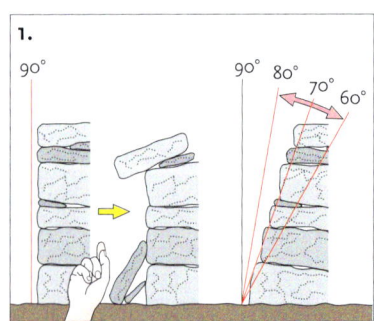

**MAUER ABSCHRÄGEN** Beim Bau einer Trockenmauer müssen Sie unbedingt den Neigungswinkel im Auge behalten, denn er darf keinesfalls mehr als 60 bis 80 Grad betragen, sonst besteht latente Einsturzgefahr.

**SORGFÄLTIG ARBEITEN** Das Fundament richtet sich nach der Höhe und Stärke der Mauer. Maßgebend für die Breite der Grube sind die großen, für die erste Reihe ausgewählten Steine. Und: Platz lassen für die Hinterfütterung.

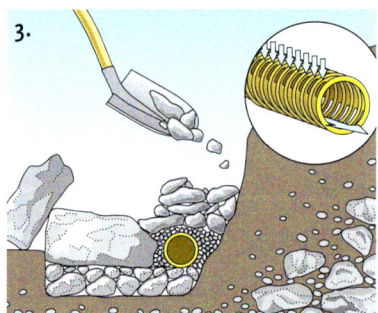

**WASSERABFLUSS** Zum Schutz vor Nässe die Trockenmauer mit einer Dränage aus Gesteinsschutt hinterfüttern. Zusätzlich kann durch ein mit Kies umhülltes Dränagerohr Wasser, das sich am Mauerfuß sammelt, abgeleitet werden.

wenden, wie Basalt, Granit, Sandstein, Schiefer oder kalkhaltigen Tuff. Das ergibt nicht nur ein harmonisches Bild, sondern ist auch wegen der naturgemäß unterschiedlichen Verwitterung wichtig.

## Stein auf Stein

Angelegt wird die Trockenmauer im zeitigen Frühjahr, sobald der Boden aufgetaut ist, oder im Herbst, spätestens im Oktober, damit die Pflanzen noch vor dem Frost anwachsen können. Die senkrechten Fugen sollten versetzt und die waagrechten unbedingt in einer Linie verlaufen. Bei sehr flachen Steinplatten lässt sich das nicht immer verwirklichen; bei stärkerem Material jedoch sollte man während des Aufbaus streng darauf achten: Die Stabilität ist besser und die Erde wird aus den senkrechten Fugen nicht so leicht herausgespült. Diese Ritzen müssen zwischen den Steinen so breit sein, dass sie Erde

**PRACHTVOLL** Entgegen der gängigen Regel hat diese Mauer senkrechte und waagerechte Fugen, die sich überschneiden. Ist die Stabilität gefährdet, minimiert eine Verankerung mit weit in die Erde reichenden Mauerhaken das Risiko.

aufnehmen können. Darin sollen die Wurzeln der Pflanzen Halt und Nahrung finden. Werden fertige und keine Jungpflanzen verwendet, ist es wegen der größeren Wurzelballen besser, schon beim Aufschichten die ausgetopften Gewächse in die Fugen zu setzen. Hohlräume sollten Sie mit humoser Erde füllen, bevor die nächste Steinreihe aufgesetzt wird.

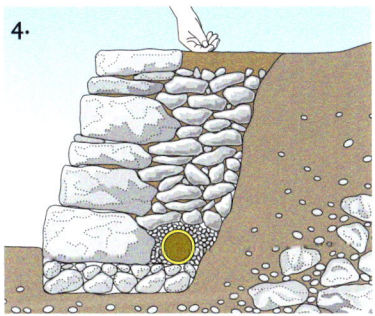

**GEFÄLLE VERMEIDEN** Hinter der Mauerkrone Erde anschütten. Sie gleicht den Übergang zum gewachsenen Hang aus und bietet Polsterpflanzen Gelegenheit, Fuß zu fassen. Bei extremem Gefälle spült starker Regen die Erde aus.

## LEBENSRAUM FÜR PFLANZEN UND TIERE

Die Natur macht's vor: Auf kargem, steinigem Gelände wachsen besonders robuste Pflanzen, denen Sonne satt und ein Minimum an Feuchtigkeit gerade recht sind. Solche Gewächse eignen sich auch für die Trockenmauer. Den Fuß können Strauchginster *(Cytisus)*, Fetthenne *(Sedum)* oder Storchschnabel *(Geranium)* verkleiden. Die Mauerkrone gehört hängenden Polsterstauden wie Steinkraut *(Alyssum)*, Schleifenblume *(Iberis)*, Gänsekresse *(Arabis)* oder Blaukissen *(Aubrieta)*. In den Fugen nehmen Pflanzen Platz, die nach Blütezeit und Farben ausgewählt werden. Dort, wo keine Erde gebraucht wird, finden sich tierische Mauergäste ein: Erdhummeln und Solitärbienen, die beim Bestäuben von Blüten eine große Rolle spielen; aber auch Jagdspinnen und andere räuberische Insekten, die Schädlinge vertilgen.

# Selber machen:
# Garten-Deko aus Ytong-Steinen

Wünschen Sie sich schon lange ein steinernes Schmuckstück für den Garten oder die Terrasse? Unerschwinglich? Nicht, wenn Sie sich selbst als Bildhauer betätigen. Dann können Sie in nur wenigen Stunden eine originelle und preiswerte Skulptur realisieren, die wirklich einmalig ist. Ob klassische Säule oder elegantes Podest, moderne Skulptur oder schlich-

**DIE ZUTATEN** Für das Podest brauchen Sie einen Ytong-Quader, dazu passende Platten, einen weichen Bleistift, einen Schraubenzieher oder eine Ahle, eine feine Säge, Feile oder Raspel, eine Heißklebepistole und weißen Kleber, eventuell einen Feinbohrschleifer.

**VORZEICHNEN** Ein grafisches oder florales Motiv direkt auf den Stein aufzeichnen. Oder verwenden Sie eine Vorlage, die Sie mit Kohlepapier übertragen. Eventuelle Überlänge absägen. Den Ytong-Staub am besten mit dem Staubsauger entfernen.

**MOTIVE AUSHÖHLEN** Mit Schraubenzieher oder Ahle das Motiv vorsichtig und ohne Druck reliefartig aushöhlen und wegkratzen. Schneller geht's mit einem Feinbohrschleifer. Sollte ein Motivteil abbrechen: Mit Heißkleber lässt sich der Schaden reparieren.

**PLATTE HALBIEREN** Für den Sockel und Aufsatz die Ytong-Platte halbieren. In beiden Teilen rundum die Mitte markieren, an kurzen Kanten eine schwache und an den Längskanten eine tiefe Rille einarbeiten. Anschließend die Kanten per Feile oder Raspel abrunden.

**DAS MACHT SPASS** Die Bearbeitung der leichten Porenbeton-Steine ist überraschend einfach und gelingt auch Ungeübten. Wetten, dass Sie nach der ersten Skulptur gleich weitere Kunstwerke realisieren? Vielleicht sogar als Geschenk für andere Deko-Freunde.

tes Tier-Relief: mit Ytong-Steinen, die es in verschiedenen Abmessungen im Baumarkt gibt, lassen sich Kunstwerke zaubern, die wie in Echtstein gemeißelt aussehen.

**FERTIGSTELLEN** Am Ende wird die Bodenfläche des Mittelteils mit Heißkleber bestrichen. Anschließend sofort den Sockel draufsetzen und festdrücken. Befestigen Sie in gleicher Weise den Aufsatz.

## Täuschend echt

Den leichtgewichtigen, porösen Gasbeton- oder Porenbeton-Stein gibt es in verschiedenen Härtegraden (P2, P4 und P6). Für Skulpturen ist der weichste Stein (Härtegrad P2) am besten geeignet, da er sich mit einfachen Werkzeugen bearbeiten lässt. Ein monumental geplantes Werk darf aber nicht an der eventuell zu klein dimensionierten Steingröße scheitern. Man kann Einzelsteine zusammenkleben und dann beliebig bearbeiten.

Motiv-Vorlagen finden Sie in Gartenzeitschriften (müssen dann entsprechend auf dem Kopierer vergrößert werden) oder im Bastelbedarf. Übertragen Sie Ihr Wunschmotiv mit Kohlepapier auf den Stein. Die grobporigen Steine sind sehr leicht, so dass sie sich einfach transportieren und bearbeiten lassen. Wichtig ist, dass Sie alle Werkzeuge ohne großen Druck einsetzen und lieber mehrere Arbeitsgänge machen. Falls ein Motiv-Stück abbricht, lässt es sich mit Heiß-

kleber leicht wieder ankleben. Daher kann man auch beliebig viele Einzelteile aus kleinen Ytong-Stücken fertigen und später beispielsweise zur abstrakten Skulptur zusammensetzen. Dann muss man allerdings auf Stabilität achten und eventuell einen Stützstab einarbeiten.

## Überraschende Hingucker

Wenn Sie das fertige Kunstwerk in den Garten stellen, bekommt es bald eine schöne Patina. Auf einer regengeschützten Terrasse verändert es sich jedoch nicht. Doch mit einem Farbanstrich, typischen Schlieren und Maserungen kann man Ytong sogar einen gediegenen Marmor-Charakter geben. Genauso gut lässt sich mit Farbe ein ausgearbeitetes Relief betonen oder einfach nur einrahmen. Platzieren Sie die Skulpturen an gut sichtbaren Stellen im Garten oder auf der Terrasse. Sind sie starkem Wind ausgesetzt, unbedingt mit Stäben im Boden verankern, sonst fallen die Leichtgewichte um.

# Hier fühlt sich die ganze Familie rundum wohl

**DAVON TRÄUMEN KINDER** Das Besondere an diesem bunten Kinder-Garten ist, dass er als eigenes einge-grenztes Areal in den Garten der Großen integriert wurde. So können die Kleinen für sich „werkeln" und die Eltern haben sie trotzdem stets im Blick. Beim Einrichten wurde viel Wert auf Details gelegt. Auffallend sind der lindgrüne Holzzaun, das Spielhäuschen, der Apfelbaum und die vielen liebevollen, teils selbst gebastelten Accessoires in den Blumenbeeten.

Wenn Sie es abwechslungsreich mögen und die Qualität eigener Früchte schätzen, dann legen Sie sich doch Ihren ganz persönlichen Wohlfühlgarten an. Solange die Kinder noch klein sind, bietet es sich an, das zur Verfügung stehende Grundstück zu teilen. Und zwar so, dass für die Kleinen ein separater Garten im Garten entsteht.

Das Beispiel oben misst etwa 4,5 x 5,5 m. Beim Anlegen darauf achten, dass viel Raum für Bewegung, wie Bobby-Car-Fahren oder Hüpfspiele, bleibt.

**Pflegen und ernten Sie gemeinsam**

Ganz so perfekt wie unser Beispiel sieht die Wirklichkeit selten aus, denn Kinder müssen

erst einmal an die Gartenarbeit herangeführt werden. Sie sind zwar meistens begeistert bei der Sache, haben aber unter zehn, zwölf Jahren noch kein ausgeprägtes Feeling für Proportionen. Deshalb ist es wichtig, alles, was das Gärtnerische und Gestalterische betrifft, gemeinsam zu erledigen und nicht zu viel zu erwarten.

## Vitamine aus eigener Ernte

Nichts ist gesünder, als wenn Sie ausgereifte Früchte unmittelbar nach der Ernte essen. Alle wertvollen Inhaltsstoffe sind noch erhalten und nicht durch Überlagerung oder, wie bei der Importware, größtenteils auf der Strecke geblieben. Empfehlenswert für einen Naschgarten sind auf jeden Fall ein oder zwei Apfelbäume, ein Pflaumenbaum und, falls genügend Platz vorhanden, auch ein Kirsch-, Mirabellen- und Quittenbaum.

In milden Lagen gedeihen auch Kiwis sehr gut. Hiervon braucht man jedoch eine weibliche und eine männliche Pflanze.

Beim Beerenobst lohnt der Anbau von Johannisbeeren, Stachelbeeren, Heidelbeeren, Himbeeren, Brombeeren und natürlich Erdbeeren. Man kann sie wunderbar mit Sommerblumen, Stauden und Gräsern kombinieren.

**EIN PARADIES** So macht das Leben im Garten besonders viel Spaß: Die Äpfel leuchten mit den Sonnenblumen um die Wette. Jeder ist zufrieden. Der Vater ist beim Ernten, die Mutter schält Früchte für einen leckeren Kuchen und das Kind streichelt den Haus-Tiger. Auffallend schön sind die Gräser und die dahinter wachsenden Sonnenblumen.

**DIE BELIEBTESTEN** Erdbeeren gehören in jeden Garten. Wenn Sie öfter tragende Sorten pflanzen, haben Sie mehr davon.

**FÜR GENIESSER** Basilikum kann man nie genug haben. Hier vier verschiedene Sorten, die alle ein wenig anders schmecken.

**EINFACH KÖSTLICH!** Sonnengereifte Tomaten sind voller Aroma. Am besten pflanzen Sie sich gleich mehrere verschiedene Sorten.

# Die Weiden-Familie kann sich sehen lassen

**LANGE RUTEN SCHNEIDEN**
Weidenruten in 2 bis 3 m Länge und bis 3 cm Durchmesser mit einer Astschere abschneiden. Bester Zeitpunkt ist vor dem Austrieb von November bis Februar.

**EINPFLANZEN** Sonnigen Platz auswählen, Kreis markieren und einen 25 bis 30 cm tiefen spatenbreiten Graben ausheben. Die Weidenruten mit der Schnittstelle nach unten einpflanzen und andrücken.

**DAS GERÜST IST FERTIG** Die Rutenspitzen fest mit einer Schnur zusammenbinden. Die dünneren Ruten ebenfalls in den Boden stecken und zusammen mit neuen Austrieben quer einflechten.

Wenn man der Weide beim Spaziergang in Feuchtgebieten oder an kleinen Gewässern begegnet, nimmt man sie kaum wahr. Rein optisch gesehen wirkt der Strauch nur wenig spektakulär. Das Besondere an der Korb-Weide (*Salix viminalis*) sind ihre meterlangen, biegsamen Zweige, die, wie ihr Name schon sagt, zum Körbeflechten oder für Möbel verwendet werden.

## Werkstoff Weide
Im Garten gibt es viele Möglichkeiten, Weidenruten einzuset-

**GESCHAFFT** In den ersten Wochen sollten Sie die Weiden immer gut wässern. Wenn die Triebe immer wieder eingeflochten und stets gut gegossen werden, entsteht innerhalb einiger Wochen ein begrüntes Tipi.

**BLICKPUNKT GEMÜSEBEET**
Kapuzinerkresse erklimmt das Weidengerüst. Im Gartenbedarf gibt's die unterschiedlichsten Größen.

zen. Man kann das Naturmaterial gebündelt kaufen, unter anderem im Gartencenter. Das tolle Tipi nebenan lässt sich auch ohne große Erfahrung mit etwas Geschicklichkeit in relativ kurzer Zeit anfertigen. Mit etwas Glück und ausreichend Feuchtigkeit wird es innerhalb weniger Monate von außen völ-

**WEIDENKORB** Rankkörbe können wunderbar mit Wicken, Winden, Schwarzäugiger Susanne oder Efeu bepflanzt werden. Wichtig: Der Topf muss zuerst mit Folie ausgekleidet und mit einer dicken Dränageschicht aus Kieselsteinen gefüllt werden. Dann erst kommt die Blumenerde drauf. Außerdem sollte das Gefäß möglichst trocken stehen, zum Beispiel unter einem Dachvorsprung an der Hauswand oder auf einer überdachten Terrasse.

lig begrünt sein. Es kann mehrere Jahre lang als schattig kühler Sitzplatz genutzt werden und natürlich auch als Spielecke für Kinder.

### Gefragte Rankhilfen

Beliebt sind Weiden auch als Rankhilfen – im Topf und Beet. Für ein Bohnenspalier zum Beispiel ist der Aufbau ähnlich. Die Weidenruten einfach mit Abstand in die Erde stecken, oben zusammenbinden und nicht gießen. Wasser erhalten lediglich die ausgelegten Bohnen. Im Nu erklimmen Stangenbohnen die Kletterhilfe und erfreuen mit roten Blüten.

**WEIDENGEWÄCHSE IM TOPF**

Die Weidenfamilie hat auch zierliche Formen zu bieten, die gut in jedem Vorgarten, Terrassenbeet oder im großen Topf gedeihen. Besonders beliebt ist die hängende Kätzchen-Weide (*Salix caprea* 'Pendula'). Im Frühjahr, noch bevor ihr Laub austreibt, fasziniert sie mit ganz entzückenden flauschigen Blüten. Als Unterpflanzung bieten sich eine bunte Tulpenmischung oder Stiefmütterchen an. Eine weitere empfehlenswerte Weide für den kleineren Garten oder Topf: *Salix helvetica*, Schweizer Weide.

# Gepflegtes Holz hält eine kleine Ewigkeit

**VORHER** Die kleine Sitzgruppe unter der Pergola ist wenig einladend, weil das Gartenhäuschen so düster wirkt. Ein frischer Anstrich ist daher längst überfällig. Damit wird auch gleich das Ambiente aufgemöbelt.

Holz ist das ideale Material für viele Projekte im Garten und verbreitet natürliches Flair. Neben dreidimensionalen Bauteilen (Lauben, Gartenhäuschen, -möbel) wird es für Rankgerüste, Sichtschutz und Raumteiler verwendet, für Zäune und besonders gern als Bodenbelag und für Treppenstufen. Mit Rundhölzern werden Hochbeete gebaut, Hanglagen abgestützt und Sandkästen eingerahmt.

## Pflege ist das A und O

Holz ist leichter als Beton oder Stein, erwärmt sich schnell und

### HOLZ GEZIELT SCHÜTZEN

**Weichhölzer** – Fichte, Kiefer, Tanne – sind anfällig gegen Witterungseinflüsse und Pilzbefall. Holzschutz muss sein. Carport, Pergola, Sichtschutzwände und Gartenzäune am besten nur aus kesseldruck- oder vakuumimprägniertem Gartenholz bauen.

**Harthölzer** – Teak, Eiche, Robinie – sind durch ausreichend eigene Inhaltsstoffe geschützt. Balkonmöbel, Parkett und Brücken, brauchen keinen Schutzanstrich, sondern nur regelmäßige Pflege.

**NACHHER** Wie das Taubenblau leuchtet! Die Wasser abweisende, UV-beständige Dauerschutz-Holzfarbe deckt perfekt. Und das für viele Jahre.

**PFLEGELEICHT** Teakholz-Möbel brauchen keinen zusätzlichen Schutz. Bei Tischplatten verhindert eine Behandlung aus Hartöl jedoch, dass fettige Speisereste und farbhaltige Flüssigkeiten stark ins Holz eindringen. Dann lässt sich die Oberfläche leicht mit Wasser, Bürste und Neutralseife reinigen.

ist angenehm bei Hautkontakt unter den Füßen (wenn es glatt gehobelt ist).

Bei fertig imprägniertem, heimischem Gartenholz ist der Pflegeaufwand gering: Lasur oder witterungsbeständige Farbe sind schnell aufgetragen, sie sind Schutz und Gestaltungselement zugleich.

Bei der Verwendung von tropischen Edelhölzern (aus garantiertem Plantagenanbau!) kann man Pinsel und Farbe getrost vergessen. Möbel aus Teak, Robinie und Bangkirai brauchen keinen zusätzlichen Schutz. Man kann durch Pflege allenfalls etwas für ihre Schönheit tun.

Holz, das direkten Kontakt mit dem Boden hat, muss vor aufsteigender Feuchtigkeit geschützt werden. Bei waagrechten Flächen Kies unterlegen. Pfosten durch einen Spezialanstrich schützen oder zum Verankern von Holzkonstruktionen im Boden sitzende Metallschuhe verwenden.

Wichtig ist, dass auch die oberen Enden vor eindringender Feuchtigkeit geschützt werden, beispielsweise durch eine Kunststoff- oder Metallabdeckung. Dabei spielt es keine Rolle, ob das Holz imprägniert oder nur mit einer Lasur oder Schmuckfarbe gestrichen ist.

**ÖL AUFTRAGEN** Sichtschutzwände sind meistens aus vorimprägniertem Fichten- oder Kiefernholz sehr filigran gebaut. Umso wichtiger ist es, dass das Holz auf Dauer gesund und die leichte Konstruktion in sich stabil ist. Eine Zusatzbehandlung mit Holzpflegeöl hat starke Tiefenwirkung, ist Wasser abweisend und reguliert die Feuchtigkeit.

**HOLZPARKETT** Terrassen aus Hartholz-Bohlen oder -Parkett sind oft von einem grünen Schimmer überzogen, wenn darauf Regenwasser lange stehen bleibt. Dieser Grünbelag (Algen) lässt sich mit einem Spezialmittel entfernen. Ist der Boden grau und stark verschmutzt, hilft Teakmöbel-Entgrauer.

**EINÖLEN** Ein mehrmaliger dünner Anstrich im Abstand von 24 Stunden mit Gartenparkett-Öl macht die Oberfläche Wasser abweisend und gibt ihr einen Abperleffekt. Gleichzeitig wird der Farbton aufgefrischt und das Holz vor neuem Vergrauen geschützt. Farbnuancen lassen sich einfach mischen.

# Duftpflanzen sind wahre Zauberkünstler

**FRÜH ÜBT SICH** Marie auf Schnuppertour im Kräuterbeet. Kinder lieben es, an Blumen und Pflanzen zu riechen. Besonders groß ist die Freude, wenn sie Düfte eindeutig zuordnen können, wie zum Beispiel Basilikum, Thymian, Veilchen oder Pfefferminze.

rechtzeitig einschreiten und die Horste im Frühjahr oder Herbst durch tiefes Ausstechen verkleinern.

## Im Sommer ist alles möglich

Rosen, Lilien, Wicken, Lavendel, Muskateller-Salbei, Nelken, Oleander, Geißblatt oder *Reseda*: Die Aufzählung ließe sich noch lange fortsetzen. Wichtig ist, dass Sie nicht gleich ein ganzes Dutzend Duftpflanzen in ein Beet setzen, sondern ganz gezielt im Garten zwischen nicht duftenden Pflanzen verteilen. Für die Bepflanzung des Sitzplatzes empfiehlt es sich, an nachts duftende Pflanzen zu denken. Wunderbar ist das Aroma des unscheinbaren Sternbalsams *(Zaluzianskya capensis)*, dessen sternenförmi-

Eine Duftecke im Garten ist das „Sahnehäubchen" für jeden Pflanzenfreund. Keine Wünsche bleiben offen: fruchtig, exotisch, orientalisch oder würzig – die Pflanzenvielfalt ist nahezu unerschöpflich und steckt voller Überraschungen.

## Start ins Gartenjahr

Zu den duftenden Frühjahrsboten zählen Hyazinthen, Narzissen, Wildrosen und Holunder.

Hinzu gesellen sich Veilchen, Goldlack, Maiglöckchen und Waldmeister. Letztere eignen sich prima zur Unterpflanzung von Bäumen und Sträuchern. Allerdings beim Maiglöckchen und Waldmeister heißt es auf der Hut sein, denn wenn sie sich an ihrem Standort wohl fühlen, breiten sie sich nach zwei, drei Jahren derart aus, dass sie mitunter ganz schön lästig werden können. Deshalb

**PERFEKTE HARMONIE** Wunderschön, wie der zart blühende Thymian auf den Salbei zugeht.

**INSEL ZUM TRÄUMEN** Schöner kann ein Sitzplatz kaum sein: Im Blickpunkt vor der Hecke Muskateller-Salbei *(Salvia sclarea)*, dessen Hochblätter wunderbar duften. Gegenüber ein schwungvolles Gras und ein Sprudelstein, der für sanftes Plätschern sorgt. Außerdem mit von der Partie: ein prachtvoller, lilablau blühender Speik-Lavendel-busch *(Lavandula latifolia)*, gelb blühende Nachtkerzen *(Oenothera missouriensis)* und Oregano *(Origanum laevigatum* 'Herrenhausen').

ge Blüten sich in den Abend-stunden öffnen und einen Duft zum Träumen verströmen. Tagsüber vom Duft her unbe-deutend, gibt sich auch die Engelstrompete *(Datura)* in den Abendstunden die Ehre.

**INTENSIVER BLATTDUFT** Die Rosen-Geranie *(Pelargonium grave-olens)* liebt es, geschützt zu stehen.

## BEKANNTE UND NEUE PFLANZEN FÜR SCHNUPPERNASEN

▶ **Schokoladenblume** *(Berlandiera lyriata)*: attraktive Liebhaberpflanze mit wunderbarem Schokoladenduft, wächst mehrjährig im Kübel, braucht aber Winterschutz.

▶ **Goldlack** *(Erysimum cheirii)*: zweijährige Staude, blüht im zeitigen Früh-jahr goldgelb bis -braun, einzigartiger Duft.

▶ **Bart-Nelke** *(Dianthus barbatus)*: zweijährige Pflanze, die am schönsten in einer bunten Mischung ausschaut; haltbare Schnittblume mit angeneh-mem Duft.

▶ **Currykraut** *(Helichrysum italicum)*: silbrigblättrige Staude, die vor allem die Sonne liebt und kurioserweise nach einem warmen Regen am intensiv-sten duftet.

▶ **Duftwicke** *(Lathyrus odoratus)*: einjährige Bauerngartenpflanze mit wun-derschönen, wohl duftenden Blüten; eignet sich gut für Sträuße.

▶ **Lavendel** *(Lavandula angustifolia* oder andere Arten): unverkennbarer Duft.

▶ **Vanilleblume** *(Heliotropium arborescens)*: besonders bei Topfgärtnern beliebt; ihr Duft gleicht dem Aroma einer frisch aufgeschnittenen Vanille-schote.

▶ **Pfirsich-Salbei** *(Salvia greggii)*: fasziniert durch herrlichen Fruchtduft; blüht rosaorange; da nicht frostfest, am besten im Kübel ziehen.

# Klasse aufgepeppt –
# Gartenschrank aus Metall

In Umkleideräumen großer Firmen oder Sportcenter werden immer wieder mal Blechschränke ausgemustert. Auch im Gebrauchtmöbel-Markt steht vielleicht das eine oder andere preisgünstige Stück. Suchen Sie sich den besten Blechschrank für Ihren Balkon, die Terrasse oder den Garten aus und verwandeln Sie ihn mit einem neuen Anstrich und ein paar Extras

in einen praktischen Geräteschrank. Dazu an einem geschützten Platz aufstellen und darin Werkzeuge, Dünger und Pflanzenschutzmittel, Beutel mit Erde, Staudenstäbe, Bindebast und vieles mehr griffbereit aufbewahren.

**Ordnung macht Sinn**

Damit alles bequem Platz hat, sollten Sie verschieden hohe

Fächer einbauen. Gibt es keine variablen Original-Einlageböden aus Metall, können Sie Holzböden im Baumarkt passend zuschneiden lassen (für das offene Regal werden die Böden aus Latten zusammengesetzt). Nehmen Sie Material, das für Feuchträume geeignet ist.

Halt bekommen die Fachböden durch Leisten, die an den Seitenwänden angeschraubt werden. Ein regelmäßiges Lochraster erlaubt Ihnen, die Böden mühelos zu versetzen. Die Positionen mit Zollstock und Wasserwaage exakt abmessen und

SÄUBERN  Eine der Türen aushängen (evtl. als Platte für einen Pflanzentisch verwenden) und in dieses offene Schrankteil ein Regal einbauen. Den gesamten Schrank gründlich mit Fett und Schmutz lösender Seifenlauge reinigen, anschließend klarspülen. Vorhandene Papier-Aufkleber ablösen, Klebestellen mit Reinigungsbenzin entfernen. Alle Flächen gleichmäßig abschmirgeln.

ROSTSCHUTZ  Um Rostbefall auszuschließen, sollten Sie den Schrank innen und außen sowie alle Fugen, Ritzen und verdeckten Kanten sorgfältig mit Rostschutzgrundierung streichen. Beachten Sie unbedingt die Trockenzeit, bevor sie dann mit Buntlack in Ihrer Lieblingsfarbe innen und außen streichen, ebenso die Auflageleisten für die Fachböden. Ein zweiter Anstrich ist sinnvoll.

EINLEGEBÖDEN  Für die sichtbaren Regal-Einlegeböden jeweils 4 Latten – in exakter Länge zuschneiden, 10 cm breit, 12 mm stark – im Abstand von 5,5 mm mit Distanzstücken auslegen und mit einer Schraubzwinge fixieren. Zwei Verbindungsleisten mittig im Abstand von ungefähr 20 cm und bündig zur Stirn- und Rückseite mit Leim fixieren, anschließend mit Schrauben befestigen.

**EIN PRACHTSTÜCK** Der Metall-
schrank ist ein wahres Juwel ge-
worden. Zugegeben, handwerkli-
ches Geschick und Zeit gehören
schon dazu, aber wie das Ergebnis
zeigt, lohnt es sich. Der Schrank ist
ein Hingucker, besonders im Winter, wenn nichts grünt und blüht.

mit einem Filzstift anzeichnen.
Befestigt werden die Leisten
mit Gewindeschrauben, die
durch Muttern gesichert sind.
Für die Löcher in den Metall-
wänden und den Leisten einen
Stahl- bzw. Holzbohrer verwenden. Und an der Stirnseite dann
Haken einschrauben. Ebenso
an den Türen: Das schafft Ordnung. Für Kleinteile passende
Körbe oder Deckelkisten aus
Kunststoff besorgen.

**DAS DACH** Für den Dachstuhl
werden 3 x 2 Leisten, in der Länge
der Schranktiefe, im First mit 140 °-
Metall-Winkeln verbunden. Einen
dieser Sparren können Sie auch gut
als Modell für die beiden dreiecki-
gen Giebelbretter (Länge wie
Schranktiefe) verwenden. Zudem
werden 2 Anschlagleisten, die mit
der Basis der Giebelbretter de-
ckungsgleich sind, auf den Schrank
geschraubt.

**ABDECKUNG** Auf die 3 Sparren
12 mm starke und 12 cm breite Latten schrauben; wobei ein Sparren
die Mitte stützt und die beiden
anderen an den Enden 15 cm nach
innen versetzt sind. Die Lattenlän-
ge errechnet sich aus der Schrank-
breite plus 2 x 10 cm Überstand.
Regendicht wird das Dach durch
eine abschließend angetackerte
Folie und eine zugeschnittene
Schilfrohrmatte.

# Pfiffige Deko-Elemente für noch mehr Gartenspaß

GESELLSCHAFTERIN Mit Blick aufs Blumenbeet lauscht die „Kleine Schwester" auf der Mauer dem Vogelgezwitscher. Die schweigsame Dame ist 37 cm groß, aus frostfester Keramik und handbemalt.

VERSCHMITZT Dem pfiffigen, kleinen „Goblin" entgeht nichts.

Zu einer ausgewogenen Gartengestaltung gehören nicht nur Blumen und Pflanzen, auch schöne Dinge, wie zum Beispiel Terrakotta-Kugeln, Rank- und Klettergerüste aus Metall oder fest installierte Gartenlampen, verleihen dem Garten Charme und Lebendigkeit.

### Liebenswert herausputzen

Es gibt jede Menge pfiffiger Ideen für den Gartenschmuck. Bunte Glaskugeln zum Beispiel passen überall hin, selbst in Kübel und Kästen auf der Ter-

rasse. Besonders schön ist die Wirkung, wenn mehrere Kugeln mit unterschiedlichem Durchmesser und in verschiedenen Höhen gestaffelt werden.

### Gestalten Sie Ihr Gartenparadies nach Herzenslust!

Gefragt sind Figuren aller Art. Originalgetreu oder überzeichnet. Hahn und Henne, ein Entenpaar oder eine Katze – alle gibt es wetterfest auf Blech gemalt mit Erdspieß. Das heißt, sie können mal im Gemüsebeet stehen und dann wieder am

1.

BASTEL-SPASS Hasendraht, Naturpapier, Blechdeckel, etwas Farbe und Holzstäbe: Viel mehr brauchen Sie nicht, um die dekorativen Gartenwindlichter zu basteln.

**GARTENZAUBER** Handgefertigte Windlichter kommen immer gut an. Ob flackernd beim Gartenfest oder als dekoratives Geschenk.

Hauseingang, gerade wie es passt. Ihr Vorteil: Sie sind pflegeleicht und nie hungrig. Auch klassische Accessoires wie Putten (nackte, pausbackige Engel oder Kinder), Pinienzapfen oder Fruchtkörbe – mit und ohne Sockel – beleben die Gärten wieder. Früher waren sie ausschließlich aus Marmor, Stein oder Bronzeguss. Heute gibt's zum Glück preiswerte Imitate aus Kunststein, die jedoch nicht immer frostfest sind.

## Licht an für Romantiker

Wer liebt es nicht, abends im Garten zu sitzen und zu lauschen. Dazu gehört Kerzenlicht. Genießen Sie das Flackern von Laternen, Fackeln und Windlichtern.

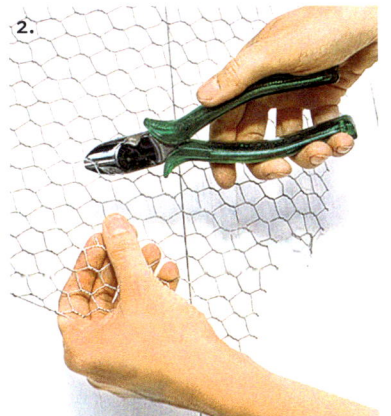

**ZUSCHNEIDEN** Mit einem Seitenschneider einen 10 bis 12 cm breiten Draht-Streifen abschneiden. Für die Länge den Deckelumfang abmessen und 2 cm zugeben.

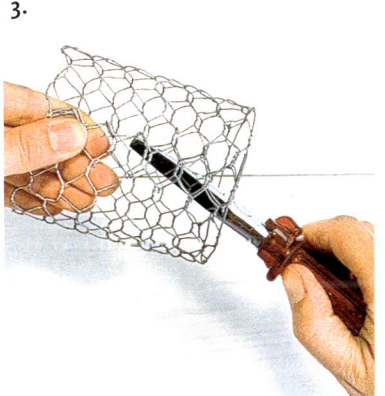

**VERSÄUBERN** An der Längsseite abstehende Drähte mit einer Flachzange andrücken. Streifen rund biegen und an den kurzen Seiten miteinander verknüpfen.

**FERTIG** Papier unten am Drahtschirm bündig ankleben, Deckel grundieren und anstreichen. Heißkleber auf den Deckelinnenrand auftragen, Drahtschirm andrücken.

# Feiern und genießen unter freiem Himmel

Gartenbesitzer lieben es, im Sommer mit der Familie, Freunden oder Nachbarn bis in die Nacht hinein draußen im Freien zu sitzen.
Einen Garten zu haben, bedeutet bei weitem nicht nur Arbeit, sondern vor allem auch Genuss und Glück! Wenn Raum keine Rolle spielt, richten Sie sich am besten mehrere Plätze ein. Einen ganz kleinen, an den man sich weitgehend ungestört zurückziehen kann, und einen etwas größeren. Besonders wohltuend ist ein Fleckchen, an dem die Sonne untergeht.
Was Gärtnerglück ist, brauche

**WENN GÄSTE KOMMEN** Eine festliche Decke, lässig gestapeltes Geschirr und Blütenköpfe in Gelb und Creme, wie einladend. Wenn das Essen in Büffetform aufgebaut ist, kann sich jeder selbst bedienen und mit dem beginnen, was er am liebsten isst.

**URLAUBSFEELING** Letzte Erdbeeren vom Beet, reife Melonen und ein Gläschen Wein – wo kann man den Feierabend schöner genießen als im eigenen Garten? Nutzen Sie die wunderbare Kulisse von Blumen und Pflanzen so oft es geht, denn viel zu schnell ist wieder Winter.

## TIPPS FÜR DIE GARTENPARTY

▸ Getränke zwei, drei Tage vorher
kaufen und kühl lagern.
▸ Für den Party-Tag die Schubkarre
säubern und an der Tankstelle
oder im Supermarkt Schütteis
(gefrorenes Wasser) kaufen und
in die Wanne geben, Getränke-
flaschen hineinlegen.
▸ Wenn es an Sitzmöglichkeiten
fehlt, Biertisch und Bänke im
Getränkemarkt ausleihen.
▸ Für den Tischschmuck Blumen
aus dem Garten verwenden.

**KINDER-SPASS** Feuer übt auf
Kinder eine ungeheure Anziehungskraft an. Deshalb ist Stock-
brotbacken auch so beliebt. Ideal:
die Feuerschale aus Terrakotta.

ich nicht näher zu erläutern.
Denn jeder kennt das bewegen-
de Gefühl, im Frühtau eine
Stippvisite in seinem Garten-
reich zu unternehmen oder den
Sonnenuntergang zu genießen.

**ABENDSTIMMUNG** Bäume und
Sträucher im Hintergrund, eine
Vase voll Blumen, gemütliche Ses-
sel und loderndes Kerzenlicht, hier
lässt sich's wunderbar entspannen.

# Die wichtigsten
# Pflanzen
# im Porträt

# Bäume und Sträucher

Bäume und Sträucher haben eine ganz besondere Faszination. Fühlen sie sich an ihrem Standort wohl, hat man mit ihnen Freunde fürs Leben gewonnen, die Wind und Wetter trotzen. Überlegen Sie vor der Gartenplanung genau, welche Gehölze Sie möchten und wo Sie sie platzieren wollen. Damit es keine unangenehme Überraschung gibt und der Baum Ihnen quasi über den Kopf wächst, ist von vornherein auf die Endgröße zu achten. Denn einen Baum pflanzt man nicht alle Tage und wenn er erst einmal ein paar Jahre an einem Platz steht, ist das Versetzen – wenn überhaupt – nur noch schwer möglich.

**Der richtige Baum**
Diese Porträts zeigen Ihnen einen kleinen Querschnitt der gängigsten Laubbäume und -sträucher; es gibt aber noch unzählige mehr, die hier aus Platzgründen nicht vorgestellt werden können. Bevor Sie die endgültige Entscheidung für einen Baum treffen, rate ich Ihnen, sich ihn in einer Baumschule oder einem Arboretum anzuschauen und sich kundig zu machen. Auch auf die Gefahr hin, dass die Qual der Wahl dann noch größer wird.

## Kugel-Ahorn
*Acer platanoides 'Globosum'*

**Wuchs:** kleiner Baum, 6 bis 10 m hoch; bekommt mit den Jahren üppige, kugelige Krone; frosthart
**Blätter:** glänzend grün; gelappt, spitz; sehr schöne, gelbe Herbstfärbung
**Standort:** sonnig bis halbschattig; gedeiht mit Ausnahme von Moor auf allen mäßig trockenen Böden
**Pflege:** Wärme liebend
**Verwendung:** bevorzugt am Hauseingang; im Vorgarten; in formal gestalteten Gärten

## Kupfer-Felsenbirne
*Amelanchier lamarckii*

**Wuchs:** Großstrauch; 4 bis 8 m hoch, ausladend; schirmförmige Krone; frosthart
**Blätter:** elliptisch, kupferrot austreibend; gelbrote Herbstfärbung
**Blüte:** sternförmige, weiße Traubenblüten im April/Mai
**Standort:** sonnig bis halbschattig; normaler Gartenboden
**Pflege:** Rückschnitt im Winter
**Verwendung:** essbare Früchte im Sommer; Hecken- oder Mischpflanzung

## Japanische Aralie
*Aralia elata*

**Wuchs:** Großstrauch; bis 5 m hoch; Ausläufer bildend
**Blätter:** doppelt gefiedert, 60 bis 80 cm lang
**Blüte:** Juli bis September, cremeweiße, breite Trugdolden
**Standort:** sonnig bis halbschattig; warm, geschützt; trockener Boden
**Pflege:** in der Jugend frostempfindlich, treibt aber wieder neu aus
**Verwendung:** Ziergehölz; Sorten mit gelbem und weißem Blattrand

## Blut-Berberitze
*Berberis thunbergii 'Atropurpurea'*

**Wuchs:** aufrecht und locker verzweigt; 1,50 bis 3 m hoch
**Blätter:** purpurrot bis rotbraun; karminrote Herbstfärbung
**Blüte:** gelb bis rot, im Mai/Juni
**Standort:** sonnig bis halbschattig; mäßig trockener, durchlässiger Boden, sandig-lehmig
**Verwendung:** Zierstrauch; roter Fruchtschmuck ab September; für frei wachsende oder in Form geschnittene niedrige Hecken

## Wechselblättriger Sommerflieder
*Buddleja alternifolia*

**Wuchs:** großer Strauch, breitbuschig bis überhängend; 2 bis 4 m hoch
**Blätter:** schmal lanzettlich; stumpfgrün, silbrigweiß auf der Unterseite
**Blüte:** lavendelfarben-purpur; am zweijährigen Holz, im Juni
**Standort:** sonnig, geschützt; gedeiht auf allen Gartenböden
**Pflege:** nicht zurückschneiden; Auslichten alter Blütenäste alle 4 Jahre
**Verwendung:** Einzelpflanzung, Hecken

## Buchsbaum
*Buxus sempervirens 'Suffruticosa'*

**Wuchs:** Kleinstrauch, straff aufrecht, sehr dicht und buschig; bis 1 m hoch; schwachwüchsig; dicht verzweigte Wurzeln
**Blätter:** immergrün, eiförmig, dunkelgrün glänzend; schnittverträglich
**Standort:** alle Lagen, sonnig bis schattig; neutraler bis kalkhaltiger Boden
**Verwendung:** niedrige Einfassung von Beeten, Wegen, Rabatten, auch für Topfgarten; Vorsicht, Blätter sind stark giftig

## Hainbuche, Weißbuche
*Carpinus betulus*

**Wuchs:** kegelförmig bis rundlich; oft mehrstämmig; 10 bis 20 m hoch, 7 bis 12 m breit
**Blätter:** länglich, eiförmig, zugespitzt; Herbstfärbung gelb
**Blüte:** Kätzchen-Blüten, April bis Mai
**Standort:** sonnig bis schattig; hitzeverträglich; Boden mäßig trocken bis feucht, durchlässig, kalk- und humushaltig
**Verwendung:** Heckenpflanze, Formschnittgehölz; Sichtschutz

## Bartblume
*Caryopteris × clandonensis*

**Wuchs:** Kleinstrauch, aufrecht mit vielen Trieben; bis 1 m hoch
**Blätter:** länglich-lanzettlich, tiefgrün auf der Oberseite, unten graugrün; duftend
**Blüte:** Rispen in Dunkelblau, von August bis September/Oktober
**Standort:** sonnig; durchlässiger, humusreicher Boden; wind- und frostgeschützt
**Verwendung:** für Garten, Terrassenbeet oder Topfgarten

## Zierquitte
*Chaenomeles-Hybriden*

**Wuchs:** niedrig gedrungen bis locker aufrecht. 0,5 bis 2 m hoch und 1 bis 1,5 m breit
**Blätter:** eiförmig, oberseits glänzend dunkelgrün
**Blüte:** auffällig weiß, rosa, orangerot oder rot, von April bis Mai
**Standort:** sonnig bis halbschattig; Boden durchlässig, humos
**Verwendung:** Einzel- oder Heckenpflanzung; auch im Kübel; kleine, gelbe, duftende Früchte im Herbst

## Amerikanischer Blumen-Hartriegel
*Cornus florida*

**Wuchs:** breit ausladend, dekorativ verzweigt; 4 bis 6 m hoch
**Blätter:** 7 bis 15 cm, breit-elliptisch, scharlachrote Herbstfärbung
**Blüte:** grünlich weiß bis zartrosa, im Mai/Juni; spätfrostgefährdet
**Standort:** sonnig bis halbschattig; Boden leicht sauer und humos
**Pflege:** Staunässe und Trockenheit vermeiden
**Verwendung:** Einzelstellung

## Perückenstrauch
*Cotinus coggygria*

**Wuchs:** breit-buschiger Strauch, 2 bis 5 m hoch und breit
**Blätter:** eiförmig-elliptisch, grün; attraktive Herbstfärbung in Orange bis Rot
**Blüte:** 15 bis 20 cm lange Blütenrispen in Grün-gelb; watteartige Fruchtstände, rötlich
**Standort:** sonnig; nahrhafter, kalkhaltiger Boden; geschützte Lage
**Verwendung:** Einzelstellung; auch für Kübel; Fruchtstände für Sträuße

## Rotdorn
*Crataegus laevigata* 'Paul's Scarlet'

**Wuchs:** Kleinbaum, kegelförmig bis rundlich mit lockerer Krone; etwa 4 bis 6 m hoch und 3 bis 4 m breit
**Blätter:** gelappt, verkehrt eiförmig
**Blüte:** leuchtend karminrot, gefüllt, von Mai bis Juni
**Standort:** sonnig bis halbschattig; Boden mäßig trocken, durchlässig, sandig-lehmig
**Verwendung:** schnittverträglich; reizvoller Hausbaum, für kleine Gärten; Heckenpflanzung; Früchte tragend

## Eingriffliger Weißdorn, Kugel-Weißdorn
*Crataegus monogyna*

**Wuchs:** aufrechter Strauch oder rundkroniger Kleinbaum; 2 bis 6 m hoch und breit
**Blätter:** dunkelgrün
**Blüte:** weiß, von Mai bis Juni
**Standort:** sonnig bis halbschattig; Boden trocken bis frisch, durchlässig, tiefgründig, nahrhaft
**Verwendung:** auffällige Blüten und rote Steinfrüchte (Vogelschutzgehölz); Heckenpflanzung

## Besenginster
*Cytisus scoparius*

**Wuchs:** aufrecht, besenartig, 1 bis 2 m hoch und breit
**Blätter:** lanzettlich, behaart
**Blüte:** goldgelbe Schmetterlingsblüten (Sorten in vielen Farben), im Mai/ Juni; duftend
**Standort:** sonnig; leicht durchlässiger Boden
**Verwendung:** Vorgarten, Böschungen, Heide- oder Steingarten; auch im Topf; Winterschutz empfohlen; alle Pflanzenteile sind giftig

## Spindelstrauch
*Euonymus fortunei* 'Emerald'n Gold'

**Wuchs:** kletternder Strauch, 40 bis 70 cm hoch; wenn er nichts zum Festhalten hat, kriecht er und wird zum Bodendecker
**Blätter:** eiförmig bis elliptisch; gelbbunt; Herbstfärbung rosarot
**Standort:** sonnig bis halbschattig; anspruchslos, wächst in allen durchlässigen Gartenböden
**Verwendung:** begrünt Zäune und Fassaden, Topfgarten; haltbares Schnittgrün; Pflanze ist giftig

## Forsythie, Goldglöckchen
*Forsythia × intermedia*

**Wuchs:** Strauch; breit aufrecht, buschig; im Alter dicht verzweigt; 2 bis 3 m hoch und breit
**Blätter:** eiförmig, länglich bis lanzettlich, hellgrün
**Blüte:** sehr dicht stehend, leuchtend gelb, von März bis April
**Standort:** sonnig bis halbschattig; Boden durchlässig; mäßig trocken bis frisch
**Verwendung:** Einzelstellung oder als frei wachsende Hecke

## Zaubernuss
*Hamamelis × intermedia*

**Wuchs:** aufrechter Strauch, locker, trichterförmig, mehr oder weniger breit ausladend, 2 bis 4 m hoch
**Blätter:** erscheinen erst nach den Blüten; schöne Herbstfärbung
**Blüte:** je nach Sorte gelb, orange, rot, von Januar bis April
**Standort:** sonnig bis halbschattig; Boden durchlässig, sandig-humos, Staunässe vermeiden
**Verwendung:** Winterblüher; Vorgarten, Terrassenbeet; vor Nadelgehölzen

## Strauch-Eibisch
*Hibiscus syriacus*

**Wuchs:** straff aufrechter Strauch; tief wurzelnd; 1,5 bis 2 m hoch und breit
**Blätter:** gelappt, gezähnt, 5 bis 10 cm lang; gelbe Herbstfärbung
**Blüte:** viele Farben, von Juni bis August
**Standort:** sonnig; durchlässiger, humusreicher Boden; warme, frostgeschützte Lage
**Pflege:** nach der Blüte um ein Drittel zurückschneiden
**Verwendung:** Einzelpflanzung, in gemischten Hecken, auch im Topf

## Garten-Hortensie
*Hydrangea macrophylla*

**Wuchs:** Strauch; dicht buschig, kugelig oder trichterförmig; 0,6 bis 1,5 m hoch, 1 bis 2 m breit
**Blüte:** Schirmrispen in vielen Farben, von Juli bis September
**Standort:** sonnig bis halbschattig; windgeschützt; nahrhafter, humoser Boden; Staunässe vermeiden
**Pflege:** vorjährige Blütenstände im zeitigen Frühjahr zurückschneiden
**Verwendung:** Einzel- oder Heckenpflanzung; auch im Topf

## Stechpalme
*Ilex aquifolium*

**Wuchs:** großer Strauch bis kleiner Baum; 3 bis 6 m hoch
**Blätter:** immergrün, eiförmig, glänzend, mit Stacheln am Rand
**Blüte:** weiß, im Mai/Juni; rote, ungenießbare Früchte im Oktober
**Standort:** halbschattig bis schattig; Boden mäßig trocken bis feucht, durchlässig, schwach sauer
**Pflege:** Winterschutz
**Verwendung:** Einzel- oder Heckenpflanzung; Topfkultur

## Ranunkelstrauch
*Kerria japonica* (Bild: 'Pleniflora')

**Wuchs:** aufrechter Strauch mit dünnen rutenförmigen Zweigen; 1 bis 2 m hoch und breit
**Blätter:** eiförmig, etwas länglich, doppelt gesägt, grün
**Blüte:** goldgelb, von April bis Juni
**Standort:** sonnig bis halbschattig; anspruchslos
**Pflege:** Winterschutz, treibt nach Frost im Frühjahr wieder neu aus
**Verwendung:** für Einzel-, Gruppen- und Heckenpflanzung, Topfkultur

## Perlmutstrauch, Kolkwitzie
*Kolkwitzia amabilis*

**Wuchs:** aufrecht strauchförmig bis bogig überhängend, 3 bis 4 m hoch und breit
**Blätter:** dunkelgrün, eiförmig, stumpfgrün behaart
**Blüte:** glockenförmig, ca. 8 cm groß, in zartem Rosarot, von Mai bis Juni
**Standort:** sonnig bis halbschattig; anspruchslos, frosthart
**Verwendung:** auffälliges Blüten- und Ziergehölz für Einzel- oder Heckenpflanzung

### Stern-Magnolie
*Magnolia stellata*

**Wuchs:** dicht verzweigter Strauch; breit buschig; 2 bis 3 m hoch
**Blätter:** verkehrt-eiförmig, schmal
**Blüte:** sternförmig, auffallend, weiß bis rosa überhaucht, bis 8 cm Durchmesser; duftend; früh blühend (März/April), stark spätfrostgefährdet
**Standort:** sonnig; windgeschützt; humoser, leicht saurer Boden
**Pflege:** kein Schnitt
**Verwendung:** Einzelpflanzung

### Blauraute, Silberstrauch
*Perovskia abrotanoides*

**Wuchs:** locker, aufrecht, wenig verzweigt; 0,5 bis 1 m hoch
**Blätter:** fiederteilig, linealisch, bis 6 cm lang; stark duftend
**Blüte:** in langen Scheinähren, lila-violettblau, August bis Oktober
**Standort:** sonnig; Boden sandig-trocken, gerne auch steinig
**Pflege:** Winterschutz; kräftiger Rückschnitt im Frühjahr
**Verwendung:** für Stein- oder Heidegär-ten, am Fuße von Gehölzgruppen

### Europäischer Pfeifenstrauch
*Philadelphus coronarius*

**Wuchs:** Strauch; straff aufrecht bis leicht überhängend; 2 bis 3 m hoch, 1,50 bis 2 m breit
**Blätter:** eiförmig, lang
**Blüte:** rahmweiß mit zartgelber Mitte, von Mai bis Juni; duftend
**Standort:** sonnig bis halbschattig; Boden durchlässig, sandig, mäßig trocken bis feucht
**Pflege:** Verjüngungsschnitt
**Verwendung:** Einzel- oder Heckenpflanzung

### Japanische Blüten-Kirsche
*Prunus serrulata* (Bild: 'Kanzan')

**Wuchs:** kleiner Baum bis großer Strauch; je nach Sorte 2 bis 10 m hoch, 2 bis 7 m breit
**Blüte:** weiß bis rosa; einfach, halb gefüllt oder gefüllt; von April bis Mai
**Standort:** sonnig; Boden frisch bis feucht, sandig und durchlässig, nährstoffreich
**Verwendung:** beliebter Hausbaum mit auffallenden Blüten; für Hecken und Gruppenpflanzungen

### Rhododendron
*Rhododendron-Yakushimanum-Hybriden*

**Wuchs:** kompakt, dicht, breit bis aufrecht; 1 bis 1,5 m hoch, bis 2 m breit
**Blätter:** ledrig, sattgrün und glänzend, immergrün
**Blüte:** weiß, rosa, rot, gelb, zweifarbig; von Mai bis Juni
**Standort:** sonnig bis halbschattig; Boden frisch bis feucht, gut durchlässig, sandig-humos, leicht sauer
**Pflege:** Rhododendron-Dünger geben
**Verwendung:** kleine Gärten, Terrassenbeet, große Gefäße

### Kugelakazie
*Robinia pseudoacacia* 'Umbraculifera'

**Wuchs:** kleiner Baum; kugelrunde, dichte Krone; ca. 4 m hoch; bildet Wurzelausläufer
**Blätter:** gefiedert, elliptisch; 20 bis 30 cm lang
**Blüte:** hängend, am mehrjährigen Holz; duftend
**Pflege:** wird die Kugel zu groß, Rückschnitt möglich
**Standort:** sonnig; Boden durchlässig, trocken bis mäßig feucht
**Verwendung:** Hausbaum

### Japanische Bunt-Weide
*Salix integra* (Bild: 'Hakuro Nishiki')

**Wuchs:** rundkronig, dicht, kompakt; 1 bis 1,5 m hoch und breit
**Blätter:** im Austrieb rosafarben, später grün, weiß und rosa gesprenkelt; im Winter orangebraun bis rot gefärbt
**Standort:** sonnig bis halbschattig; mäßig trocken bis feucht, durchlässig, nährstoffreich, sandig-lehmig
**Pflege:** verträgt starken Rückschnitt, am besten im Frühjahr
**Verwendung:** Einzelpflanzung, Vorgarten, Topfkultur

### Zwergspiere
*Spiraea japonica*

**Wuchs:** dicht buschig kompakt, gedrungen; bis 60 cm hoch, im Alter bis 1,2 m breit
**Blätter:** lanzettlich, klein, frischgrün
**Blüte:** in Hellviolett bis Lilarosa, am einjährigen Holz; von Juni bis Juli
**Standort:** sonnig; anspruchslos, Boden durchlässig, sandig-lehmig
**Pflege:** Verjüngungsschnitt im Frühjahr
**Verwendung:** Gruppen-, Heckenpflanzung; Steingarten; Topfkultur

### Flieder
*Syringa-Vulgaris*-Hybriden

**Wuchs:** strauchförmig, aufrecht; 4 bis 6 m hoch und 2 bis 4 m breit
**Blätter:** herzförmig, frischgrün
**Blüte:** weiß, lilarosa, dunkelpurpur, violett; von April bis Mai; stark duftend
**Standort:** sonnig bis halbschattig; Boden mäßig trocken bis frisch; gut durchlässig, lehmig, leicht kalkhaltig
**Verwendung:** Einzelpflanzung und Blütenhecken

### Winter-Schneeball, Duft-Schneeball
*Viburnum farreri*

**Wuchs:** straff-aufrechter Strauch, locker verzweigte Triebe; 2 bis 3 m hoch
**Blätter:** elliptisch, scharf gesägt, stumpfgrün; im Herbst rotbraun
**Blüte:** Rispen rein weiß bis rosa, von November bis April; duftend
**Standort:** sonnig bis halbschattig; Boden frisch humos, schwach sauer, gut durchlässig, locker
**Verwendung:** Vorgarten; in Gruppen; Pflanze ist giftig

### Oster-Schneeball, Burkwoods-Schneeball
*Viburnum × burkwoodii*

**Wuchs:** aufrecht, breit buschig bis rundlich; 2 bis 3,5 m hoch
**Blätter:** glänzend, elliptisch, tiefgrün
**Blüte:** ballartige Dolden; anfangs zartrosa, dann rahmweiß; von April bis Mai; stark duftend
**Standort:** sonnig bis halbschattig, geschützt; Boden frisch, schwach sauer, gut durchlässig, locker
**Verwendung:** Einzel-, Gruppenpflanzung; Topfkultur; giftig

### Weigelie
*Weigela florida*

**Wuchs:** Zierstrauch; zunächst aufrecht, später leicht überhängend; 2 bis 3 m hoch und breit
**Blätter:** elliptisch bis eiförmig
**Blüte:** glockenförmig, in Büscheln; im Aufblühen zartrosa, später dunkler; im Mai/Juni
**Standort:** sonnig bis halbschattig; nährstoffreiche, durchlässige, frische bis feuchte Erde
**Verwendung:** für Blütenhecken, Vorgärten, kleine Gärten

# Nadelgehölze – immer grün, immer schön

Nadelgehölze haben den Vorteil, dass sie bis auf ganz wenige Ausnahmen ganzjährig ihre Blätter beziehungsweise Nadeln behalten. Eine Hecke mit immergrünen Pflanzen hat deshalb den Vorteil, dass sie auch im Winter vor neugierigen Blicken schützt.

ben, ihren großen Auftritt haben sie eher im Winter, wenn es nur wenig oder gar nichts anderes zu bestaunen gibt. Wie schön ist es doch, wenn man dann vom Wohnzimmer aus auf ein paar Säulenzypressen oder eine Zeder mit graublauen Nadeln blicken kann.

### Himalaya-Zeder
*Cedrus deodara* 'Pendula'

**Wuchs:** gerader Stamm; waagerecht abstehende Äste, locker überhängende Zweigspitzen; nach 10 Jahren 4 m, im Alter 10 m hoch
**Nadeln:** dunkel- bis graugrün; quirlige Büschel; vergrünend
**Standort:** sonnig bis halbschattig; Boden sandig-humos, durchlässig; Kalk vermeiden; mäßig trocken bis feucht, sauer bis neutral
**Verwendung:** für große Gärten, einzeln stehend

### Extravaganter Auftritt
Sei es die Himalaya-Zeder oder eine Scheinzypresse, besonders reizvoll sind Nadelgehölze wegen ihrer unterschiedlichen Wuchsformen, die sich nahezu mit allen Gartensituationen kombinieren lassen. Zugege-

### Pflanzzeit
Immergrüne Gehölze kaufen Sie am besten mit Wurzelballen; sie wachsen sicherer an. Die beste Pflanzzeit für Immergrüne ist im März und April sowie im September und Oktober.

### Scheinzypresse
*Chamaecyparis nootkatensis* 'Pendula'

**Wuchs:** breit ausladend, locker kegelförmig; Äste zunächst schlaff hängend, später sichelförmig nach oben zeigend; in 10 Jahren etwa 3 m, im Alter bis 15 m hoch
**Nadeln:** dunkelgrün; aromatisch
**Früchte:** kugelige Zapfen; erst grünblau, dann braun
**Standort:** sonnig bis halbschattig; durchlässiger Boden, humos, feucht; verträgt Kalk
**Verwendung:** Einzelpflanzung

### Zwerg-Muschelzypresse
*Chamaecyparis obtusa* 'Nana Gracilis'

**Wuchs:** kompakt, unregelmäßig kugel- bis kegelförmig, langsam wachsend; Zweige gewellt und gedreht; 1,5 bis 2 m hoch; 1 bis 1,5 m breit
**Nadeln:** dunkelgrün, glänzend
**Standort:** sonnig bis halbschattig; geschützt; Boden sandig-humos, durchlässig
**Pflege:** bei anhaltender Trockenheit regelmäßig gießen
**Verwendung:** Steingarten, Rabatte, Japanische Gärten, Topfkultur

### Fächerblattbaum, Ginkgo
*Ginkgo biloba*

**Wuchs:** säulenförmig bis breit und ausladend mit kegelförmiger Krone und dicken Ästen; nach 10 Jahren ca. 4 m hoch, im Alter 15 bis 20 m
**Nadeln:** fächerförmig, blattartig, bis 10 cm; grün; dekorative, goldgelbe Herbstfärbung
**Früchte:** weibliche Bäume tragen pflaumenartige Früchte
**Standort:** sonnig bis halbschattig; Boden durchlässig, humos
**Verwendung:** Einzelpflanzung

## Pfitzer-Wacholder
*Juniperus chinensis 'Pfitzeriana'*

**Wuchs:** Strauch mit kräftigen Seitenästen, nach unten neigend, Zweigspitzen überhängend; nach 10 Jahren ca. 1 m hoch und 1,50 m breit; im Alter 3 m hoch und 4 m breit
**Nadeln:** nadelartig; gelbgrün, später etwas dunkler; intensiver Duft
**Standort:** sonnig bis schattig; normaler Gartenboden, sauer bis alkalisch, verträgt Kalk
**Verwendung:** Gehölzgruppen; Topfkultur

## Blaufichte
*Picea pungens 'Koster'*

**Wuchs:** gerader Stamm, gleichmäßige Äste, Etagen bildend, Krone kegelförmig; nach 10 Jahren 3 m, im Alter 10 m hoch
**Nadeln:** leicht gekrümmt, etwa 2,5 cm lang; silberblau
**Standort:** sonnig; frisch bis mäßig trockener, sandig-humoser oder sandig-lehmiger Boden; verträgt Kalk
**Verwendung:** großer Garten, unbedingt Einzelstand, an der Grundstücksgrenze, als Sichtschutz

## Zwerg-Kiefer
*Pinus mugo 'Mops'*

**Wuchs:** Kleingehölz; sehr dichte Kissen oder Kugeln bildend; in 10 Jahren 30 cm hoch, 50 cm breit, im Alter 80 cm hoch, 120 cm breit
**Nadeln:** dunkelgrün; 2,5 bis 3,5 cm lang; steif, dicht; silbrig
**Blüte/Früchte:** grün; selten Zapfen
**Standort:** sonnig; humoser, mineralischer Boden; feucht; stark sauer bis schwach alkalisch
**Verwendung:** in Gruppen; Trog- und Steingarten

## Europäische Eibe
*Taxus baccata*

**Wuchs:** kegel- bis kugelförmiger, ausladender Baum; nach 10 Jahren 2 m, im Alter bis 20 m hoch
**Nadeln:** schwarz-grün, glänzend
**Blüte/Früchte:** weiblich unscheinbar, männlich gelb; rote Scheinbeeren ab September
**Standort:** sonnig bis schattig; Boden frisch bis feucht, schwach sauer, Kalk liebend
**Verwendung:** Einzel- oder Heckenpflanzung; stark giftig

## Lebensbaum
*Thuja plicata 'Zebrina'*

**Wuchs:** schmal kegelförmiger Baum mit durchgehendem Stamm, waagerechte Äste; nach 10 Jahren 3 m, im Alter 10 m hoch
**Nadeln:** grün, in Gelb-, später in Weißtönen gestreift
**Standort:** sonnig bis halbschattig; Boden mäßig trocken bis frisch; tiefgründig, lehmig, nährstoffreich; verträgt Kalk
**Verwendung:** als Hecken- oder Einzelpflanze; giftig

## Kissen-Hemlocktanne
*Tsuga canadensis 'Nana'*

**Wuchs:** niederliegend wachsende Form; kurze Zweige; nach 10 Jahren 30 cm hoch, 50 cm breit; im Alter bis 1 m hoch, 2 m breit
**Nadeln:** fein, bis 2 cm; dunkelgrün
**Standort:** sonnig bis halbschattig, windgeschützt; Boden humusreich, sauer bis neutral, verträgt Kalk; empfindlich gegen Hitze, Mittagssonne, Wind
**Verwendung:** Steingarten, Terrassenbeet, Heidegarten

# Rosen – einfach unverzichtbar

Ganz gleich, wie groß der Platz ist, den Sie gestalten wollen, für Rosen gibt es keine Alternative. Sie sind einmalig: sei es durch die facettenreichen Blütenfarben und -formen, ihre Wuchsform, ihre Stacheln oder durch unwiderstehlichen Duft.

### Robuste Sorten

Beim Kauf sollten sich vor allem Garten-Anfänger auf widerstandsfähigere und pflegeleichtere Sorten beschränken. Denn diese müssen, wenn überhaupt, nur selten gegen Blattkrankheiten gespritzt werden. Doch keine Sorge, die Auswahl bleibt dennoch riesig.

### Sonnenhungrig

Geben Sie Rosen unbedingt einen sonnigen Platz, auch - denjenigen, die Halbschatten (= mindestens fünf Stunden Sonne pro Tag) tolerieren. Stauende Hitze, wie sie auf überdachten Balkonen oder an Mauern vorkommt, begünstigt den Befall mit Mehltau und Schädlingen, also auch hier Vorsicht! Ansonsten können Sie Rosen nach Lust und Laune kombinieren, mit Stauden, Kräutern, Sommerblumen oder Gräsern. Sehr beliebt ist die Pflanzkombination mit Lavendel oder Rittersporn: Ihre Blautöne machen sich zu allen Rosen schön.

**Bonica® 82**
*Beetrose (Züchter: Meilland)*

**Blüte:** zartrosa, gefüllt; 5 bis 10 Blüten pro Stiel; Juni bis September; öfter blühend
**Blätter:** glänzend, mittelgrün, ledrig
**Wuchs:** 60 bis 80 cm hoch, aufrecht buschig
**Standort:** sonnig bis halbschattig
**Besonderheiten:** pflegeleicht; regenfest, hitzeverträglich; gute Blattgesundheit; Früchte tragend
**Verwendung:** Hecken, Rosen- und Blumenbeete; Topfkultur; Schnittrose

## Pastella®
*Beetrose (Züchter: Rosen-Tantau)*

**Blüte:** rosé bis grünlichweiß; gefüllt 5 bis 10 Blüten pro Stiel; Juni bis Oktober; dauerblühend
**Blätter:** leicht glänzend, hellgrün
**Wuchs:** 60 cm hoch, buschig, kompakt
**Standort:** sonnig bis halbschattig
**Besonderheiten:** pflegeleicht, regenfest, relativ hitzeverträglich; auffallendes Farbspiel
**Verwendung:** Rosen- und Blumenbeete; Rabatten; Topfkultur

## Gloria Dei
*Edelrose (Züchter: Meilland))*

**Blüte:** gelb mit rötlichem Rand; dicht gefüllt; duftend; Juni bis September; öfter blühend
**Blätter:** glänzend; ledrig
**Wuchs:** 60 bis 80 cm hoch, aufrecht buschig
**Standort:** sonnig bis halbschattig
**Besonderheiten:** regenfest, hitzeverträglich; Sternrußtau, Mehltau können auftreten
**Verwendung:** Rosen- und Blumenbeete; Schnittrose

## FOCUS®
*Edelrose (Züchter: Noack)*

**Blüte:** lachsrosa, gefüllt, etwa 10 cm Durchmesser; Juni bis September; öfter blühend
**Blätter:** glänzend, dunkelgrün
**Wuchs:** bis 70 cm hoch, buschig, stark wüchsig
**Standort:** sonnig
**Besonderheiten:** pflegeleicht, regenfest, hitzeverträglich; gute Blattgesundheit
**Verwendung:** Rosen- und Blumenbeete; Topfkultur; Schnittrose

## Postillon®
*Strauchrose (Züchter: W. Kordes' Söhne)*

**Blüte:** gelb, gefüllt; Juni bis September; öfter blühend, duftend
**Blätter:** glänzend und dunkelgrün.
**Wuchs:** bis 1,60 m hoch, kräftig, aufrecht; mehrtriebig
**Standort:** sonnig
**Besonderheiten:** pflegeleicht, regenfest, hitzeverträglich; gute Blattgesundheit; reich blühend
**Verwendung:** Hecken-, Gruppenpflanzung; Einzelstellung; Vorgarten; Schnittrose

## Heidetraum®
*Kleinstrauchrose (Züchter: Noack)*

**Blüte:** karminrosarot, halb gefüllt, Dolden mit bis zu 25 Blüten; Juni bis September; öfter blühend
**Blätter:** glänzend, mittelgrün; ledrig
**Wuchs:** 70 bis 80 cm hoch; buschig
**Standort:** sonnig bis halbschattig
**Besonderheiten:** regenfest; sehr gute Blattgesundheit; andere Namen: Flower Carpet®, Emera®
**Verwendung:** Vorgarten; Gruppenpflanzung, Einzelstellung; Bodendecker

## Amadeus®
*Kletterrose (Züchter: W. Kordes' Söhne)*

**Blüte:** blutrot, halb gefüllt, meist in Dolden mit 5 bis 7 Blüten; Juni bis September; öfter blühend; Wildrosenduft
**Blätter:** glänzend, dunkelgrün
**Wuchs:** bis 2 m hoch; aufrecht und buschig
**Standort:** sonnig
**Besonderheiten:** regenfest, hitzeverträglich; bestechende Fernwirkung
**Verwendung:** Rankgerüste, Rosenbögen; Pergola; Hauseingang

## Honeymilk®
*Zwergrose (Züchter: Rosen-Tantau)*

**Blüte:** milchweiß, mit cremegelbem Verlauf zur Mitte hin; gefüllt; Juni bis September; öfter blühend
**Blätter:** mittelgrün
**Wuchs:** kompakt; 40 bis 50 cm hoch
**Standort:** sonnig
**Besonderheiten:** hitzeverträglich; reich blühend; vorbeugender Pflanzenschutz empfehlenswert
**Verwendung:** optimal für den Topfgarten und Balkonkasten; Steingarten; Beeteinfassungen

## Tuscany
*Strauchrose, Alte Rose (Züchter unbekannt)*

**Blüte:** dunkelrote Schalenblüten, in der Mitte hell; halb gefüllt; Juni bis Juli; einmal blühend; intensiver Duft
**Blätter:** mittelgrün
**Wuchs:** breit buschig; überhängend; 1,5 m hoch
**Standort:** sonnig
**Besonderheiten:** pflegeleicht, regenfest, hitzeverträglich; gute Blattgesundheit
**Verwendung:** naturnaher Garten; Einzel- oder Gruppenpflanzung; Hecken

## Crocus Rose
*Strauchrose, Englische Rose (Züchter: David Austin)*

**Blüte:** zart apricot, cremefarben verblassend; später ganz cremeweiß; stark gefüllt; becherförmig und groß; schwacher Duft
**Blätter:** mittelgrün
**Wuchs:** buschig, rundlich kompakt; 1,5 m hoch
**Standort:** sonnig bis halbschattig
**Besonderheiten:** regenfest, hitzeverträglich
**Verwendung:** Rosen-, Blumenbeete

# Kletterpflanzen wollen hoch hinaus

Bei den hier vorgestellten Kletterkünstlern handelt es sich um mehrjährig wachsende Pflanzen. Sie sind zwar deutlich langsamer im Wuchs als die Einjährigen, dafür aber von Dauer. Ganz egal, was Sie in Ihrem Garten begrünen möchten, eine Pergola, den Geräteschuppen oder einen Baumstamm: Kletterpflanzen brauchen grundsätzlich etwas, woran sie sich festhalten können. Seien es ausgesprochene Kletterhilfen oder nur gespannte Drähte. Viele werden mit den Jahren auch sehr schwer. Deshalb unbedingt darauf achten, dass die Rankgerüste stabil sind.

## Ganzjährig pflanzen

Dank der Containerware können Kletterpflanzen ganzjährig gepflanzt werden, wenngleich das Frühjahr oder der Herbst besonders empfehlenswert sind.

Vor dem Auspflanzen den Wurzelballen gut wässern und das Pflanzloch tiefgründig lockern, um Staunässe zu vermeiden. Für eine Dränageschicht aus Kies und Sand sorgen, sonst haben die Pflanzen auf Dauer keine Chance. Soll eine Hauswand begrünt werden, immer mindestens 80 cm Abstand lassen und das Gerüst entsprechend befestigen.

### Akebie
*Akebia quinata*

**Wuchs:** 4 bis 6 m hoch; mehrjähriger Schlingstrauch
**Blüte:** dunkelpurpur bis rosa; Ende April; zart duftend
**Standort:** sonnig oder halbschattig; geschützt; Boden humos, leicht feucht
**Pflege:** Wurzelbereich beschatten; Winterschutz und Rankhilfe erforderlich
**Verwendung:** Sonnen-, Sichtschutz; für Mauern, Gerüste, Pergolen

### Pfeifenwinde
*Aristolochia macrophylla*

**Wuchs:** 6 bis 12 m hoch, 2 bis 4 m breit; sommergrüner Schlinger; überhängende, bis 3 m lange Zweige
**Blüte:** pfeifenähnlich, von Blättern etwas verdeckt; Juni bis August
**Blätter:** herzförmig, groß
**Standort:** halbschattig bis schattig; frischer bis feuchter Boden; windgeschützt; frosthart
**Verwendung:** rankt an Pergolen, Sichtschutzelementen (stabiles Gerüst!)

### Trompetenblume
*Campsis radicans*

**Wuchs:** starkwuchsiger Selbstklimmer mit Haftwurzeln und überhängenden Trieben; 4 bis 10 m hoch, 3 bis 6 m breit
**Blüte:** je nach Sorte rot, gelb, orange; röhrenförmig, 6 bis 8 cm lang; von Juli bis September
**Standort:** sonnig, warm, windgeschützt; im Wurzelbereich möglichst schattig
**Pflege:** Rückschnitt im Frühjahr
**Verwendung:** berankt Pergolen, Sichtschutzelemente, Spanndrähte

### Clematis, Waldrebe
*Clematis*-Hybriden (Bild: 'Piilu')

**Wuchs:** 2 bis 5 m hoch; 1 bis 2 m breit; aufrecht kletternd bis rankend; kompakt
**Blüte:** blau, rosa, rot, violett, weiß; gestreift; einfach oder gefüllt; von Juni bis September
**Standort:** sonnig bis halbschattig, Wurzelbereich vor direkter Sonne schützen; Boden frisch-feucht, sandig-humos, durchlässig
**Verwendung:** berankt Kletterhilfen aller Art, auch Topfsorten

## Knöterich
*Fallopia aubertii*

**Wuchs:** 8 bis 15 m hoch, 4 bis 8 m breit; sommergrüner Schlinger; ohne Kletterhilfe strauchartig
**Blüte:** weiße Blütenrispen; von Juli bis Oktober
**Standort:** vollsonnig bis halbschattig; Boden nahrhaft, leicht feucht; braucht viel Platz; frosthart
**Verwendung:** rasche Begrünung von Sichtschutzelementen, Pergolen, Lauben, Fassaden; attraktiv auch in Bäumen

## Efeu
*Hedera helix*

**Wuchs:** bis 20 m; Selbstklimmer mit Haftwurzeln; kriechend/kletternd
**Blüte:** gelbgrün, duftend; im September (ca. ab 7. Jahr)
**Blätter:** glänzend dunkelgrün, immergrün, Form variabel
**Standort:** halbschattig bis schattig; Boden nährstoffreich, kalkhaltig, leicht feucht
**Pflege:** bei Bedarf schneiden
**Verwendung:** Bodendecker; Begrünung von Mauern; Früchte giftig

## Winterjasmin
*Jasminum nudiflorum*

**Wuchs:** bis 3 m hoch, mit Kletterhilfe höher; spreizklimmender Strauch, stark überhängend
**Blüte:** gelb, am vorjährigen Holz; von Februar bis April
**Blätter:** wintergrün
**Standort:** sonnig bis halbschattig; geschützte Lage; Kalk liebend
**Verwendung:** außergewöhnliches Blütengehölz, da früh blühend; mit Kletterhilfe an Hausfassade, Pergola; auch in großen Töpfen

## Geißblatt, Jelängerjelieber
*Lonicera × brownii*

**Wuchs:** 4 bis 6 m hoch; Kletterstrauch; Schlinger; Beeren bildend
**Blüte:** nach ca. 5 Jahren; orange-scharlachrot, fuchsienähnlich; von Juni bis September; duftend
**Blätter:** grün; treiben früh aus
**Standort:** sonnig bis schattig; Boden nährstoffreich, feucht, humos, mäßig trocken
**Verwendung:** Sichtschutzelemente, Mauern, Pergolen, Spaliere; Beeren sind giftig

## Wilder Wein
*Parthenocissus tricuspidata*

**Wuchs:** 15 bis 18 m hoch; schnell wachsend, mit Haftwurzeln kletternd
**Blüte:** gelbgrün; von Juli bis August
**Blätter:** handförmig gelappt; auffallende, schöne Herbstfärbung
**Standort:** sonnig bis halbschattig; Boden frisch, durchlässig, nahrhaft
**Verwendung:** Fassadenbegrünung, Bepflanzung von Pergolen, Spalieren; blauschwarze Beeren ungenießbar

## Japanischer Blauregen, Glyzinie
*Wisteria floribunda*

**Wuchs:** 6 bis 12 m; Schlingpflanze mit beträchtlichem Gewicht
**Blüte:** rosa, violett; in bis zu 80 cm langen Blütentrauben hängend; von Mai bis Juni
**Standort:** sonnig bis lichter Schatten; geschützt; Boden durchlässig, frisch bis feucht, nährstoffreich
**Pflege:** hoher Wasserbedarf; in jungen Jahren regelmäßig schneiden
**Verwendung:** Wände; Pergolen; Mauern

# Blütenmeer dank Sommerblumen

Kurz, aber heftig ist der Auftritt von Bechermalve, Schmuck-körbchen oder Zinnien: Nur eine Saison lang zeigen Sommerblumen ihre Pracht. Danach sind die Pflanzen erschöpft und ziehen sich zurück, allenfalls mit Samen für die nächstjährige Aussaat können Sie jetzt noch rechnen. Das Tolle an diesen, in der Regel einjährig wachsenden Pflanzen ist, dass man sie kinderleicht und preiswert selbst heranziehen kann. Man kauft den Samen, sät ihn nach Anleitung aus und pflanzt später die Sämlinge dorthin, wo man sie gerne haben möchte. Viele Sommerblumen haben nur eine kurze Keimzeit und können direkt ins Gartenbeet ausgesät werden. In der Regel stehen die Sämlinge dann aber zu dicht und müssen vereinzelt werden.

**Beetvorbereitung und Pflege**
Vor Aussaat und Pflanzung den Boden tiefgründig lockern und feinkrümelig vorbereiten. Für die Pflanzung den Boden mit reichlich Kompost aufbereiten. Damit Sommerblumen bis in den Herbst durchhalten, die Pflanzen regelmäßig gießen, möglichst im Wurzelbereich, und hin und wieder auch flüssig düngen. Verblühte Triebe immer wieder entfernen.

## Leberbalsam
*Ageratum houstonianum*

**Wuchs:** 10 bis 45 cm; buschig kompakt
**Blüte:** blau, weiß, rosa; Juli bis September
**Standort:** sonnig bis halbschattig, geschützt; Boden nahrhaft, feucht, durchlässig
**Pflege:** gleichmäßig feucht halten; 14-tägig düngen
**Vermehrung:** Aussaat im Herbst oder Frühjahr unter Glas
**Verwendung:** Beeteinfassung; Töpfe

## Löwenmäulchen
*Antirrhinum majus*

**Wuchs:** 30 bis 60 cm; buschig, aufrecht
**Blüte:** weiß, gelb, orange, rosa, pink, rot, purpur, auch mehrfarbig; Rachenblüten; Juni bis September
**Standort:** sonnig; bedingt frosthart; Boden nahrhaft, durchlässig
**Pflege:** Verblühtes entfernen
**Vermehrung:** Aussaat im Spätsommer unter Glas oder im Frühjahr direkt
**Verwendung:** bunte Beete, Bauerngarten; Töpfe; Schnittblume

## Ringelblume
*Calendula officinalis*

**Wuchs:** 30 bis 75 cm; aufrecht, buschig
**Blüte:** gelb, orange; einfach und gefüllt; Korbblüten; Juli bis Oktober
**Standort:** sonnig bis halbschattig; Boden nahrhaft, durchlässig
**Pflege:** Jungpflanzen entspitzen; nicht zu dicht pflanzen (Mehltau-Gefahr!)
**Vermehrung:** Direkt-Aussaat von Frühjahr bis Juni
**Verwendung:** bunte Beete, Kräutergarten, Schnittblume

## Sommeraster
*Callistephus chinensis*

**Wuchs:** 20 bis 80 cm; je nach Sorte buschig, kugelig oder aufrecht sparrig
**Blüte:** weiß, gelb, purpur, violett; Juli bis Oktober
**Standort:** sonnig, geschützt; Boden nahrhaft, feucht, durchlässig
**Pflege:** verblühte Stängel abschneiden (Nachblüte)
**Vermehrung:** Aussaat unter Glas oder direkt
**Verwendung:** bunte Beete, haltbare Schnittblume

## Hahnenkamm
*Celosia argentea*

**Wuchs:** 20 bis 100 cm; aufrecht buschig
**Blüte:** gelb, orange, pink, rot;  Juli bis September; Plumosa-Typ: fedriger Schopf; Cristata-Typ: wellige Blütenstände
**Standort:** sonnig, geschützt; Boden nahrhaft, feucht, durchlässig
**Pflege:** Verblühtes abschneiden, Nachblüte mit kleineren Blüten
**Vermehrung:** Vorkultur unter Glas
**Verwendung:** bunte Beete, Solitär

## Kornblume, Flockenblume
*Centaurea dealbata*

**Wuchs:** 20 bis 100 cm; aufrecht, buschig
**Blüte:** weiß, rosa, blau, mauve; rundliche Köpfe; Juni bis Oktober
**Standort:** sonnig bis halbschattig; Boden nahrhaft, durchlässig
**Pflege:** hohe Sorten stützen; Blätter beim Gießen nicht benetzen
**Vermehrung:** Vorkultur unter Glas; im April Direkt-Aussaat
**Verwendung:** bunte Beete, Schnittblume

## Spinnenblume
*Cleome spinosa*

**Wuchs:** 90 bis 120 cm, aufrecht
**Blüte:** weiß, rosarot, rot; Blütentrauben, 10 cm Durchmesser; Juli bis Oktober
**Standort:** sonnig; Boden nahrhaft, locker, durchlässig, trocken
**Pflege:** wöchentlich düngen; an heißen Tagen reichlich gießen; Verblühtes abschneiden
**Vermehrung:** Aussaat zwischen März und Mai
**Verwendung:** Gruppe im Beet; Solitär

## Blaue Mauritius, Kriechende Winde
*Convolvulus sabatius*

**Wuchs:** bis 15 cm hoch; überhängende Triebe; mehrjährig, wird einjährig gezogen
**Blüte:** blasslavendel bis dunkelviolett; Trichterblüten; Juli bis September
**Standort:** sonnig; Boden durchlässig
**Pflege:** bei trockener Witterung reichlich gießen
**Vermehrung:** Direkt-Aussaat im Frühjahr
**Verwendung:** Beetrand, Steingarten

## Schmuckkörbchen
*Cosmos bipinnatus*

**Wuchs:** 50 bis 90 cm; aufrecht buschig, reich verzweigt
**Blüte:** weiß, rosa, violett, purpur; mit gelbem Auge
**Standort:** sonnig; Boden nahrhaft, locker, leicht feucht, gut durchlässig
**Pflege:** Verblühtes auszuputzen
**Vermehrung:** Vorkultur ab Februar unter Glas oder Direkt-Aussaat im April
**Verwendung:** bunte Beete, Lückenfüller

## Bart-Nelke
*Dianthus barbatus*

**Wuchs:** 40 bis 70 cm, aufrecht buschig; zweijährig gezogen
**Blüte:** rosa, rot, auch zweifarbig; Juni bis August; duftend
**Standort:** sonnig; Boden nahrhaft, durchlässig
**Pflege:** düngen vor der Blüte; hohe Sorten stützen
**Vermehrung:** Aussaat im Frühjahr; Pflanzung im Herbst, Blüte im folgenden Jahr
**Verwendung:** bunte Beete, Gruppen

## Goldmohn, Schlafmützchen
*Eschscholzia californica*

**Wuchs:** 30 bis 40 cm; schlank aufrecht
**Blüte:** rot, rosa, gelb, orange, weiß; mohnartig; schalenförmig; Juni bis Oktober
**Standort:** sonnig; Boden karg, durchlässig
**Pflege:** Abgeblühtes regelmäßig entfernen
**Vermehrung:** Aussaat im Frühjahr oder Frühherbst direkt; Vereinzeln nötig
**Verwendung:** Gruppen, Lücken im Sommerbeet; auf Baumscheiben

## Sonnenblume
*Helianthus annuus*

**Wuchs:** je nach Sorte 45 bis 350 cm, eintriebig oder verzweigt
**Blüte:** gelb, orange, rot, bronze; 10 bis 30 cm Durchmesser; auch gefüllt und mehrfarbig; von Juni bis Oktober
**Standort:** sonnig, geschützt; Boden nährstoffreich, durchlässig
**Pflege:** hohe Sorten stützen; reichlich gießen und düngen
**Vermehrung:** Vorkultur unter Glas; Direkt-Aussaat im März
**Verwendung:** bunte Beete, Solitär

## Himmelblaue Prunkwinde
*Ipomoea tricolor*

**Wuchs:** kompakt, bis 4 m hoch rankend
**Blüte:** weiß, violett, blau; marmoriert; Juni bis Oktober
**Standort:** sonnig; Boden nahrhaft, stark durchlässig, leicht feucht (keine Staunässe!)
**Pflege:** reichlich gießen, 14-tägig düngen; Schutz vor Sonne und Wind
**Vermehrung:** Aussaat im Frühjahr unter Glas, Kopfstecklinge
**Verwendung:** Lückenfüller in Rabatten

## Duftwicke
*Lathyrus odoratus*

**Wuchs:** aufrecht, Ranken bis 2 m
**Blüte:** rot, rosa, blau, violett, weiß; duftende Lippenblüten; Juni bis September
**Standort:** sonnig bis halbschattig; Boden nahrhaft, durchlässig
**Pflege:** reichlich gießen, 14-tägig düngen; Jungpflanzen stäben; Triebspitze auszwicken für Verzweigung
**Vermehrung:** Aussaat unter Glas
**Verwendung:** Sichtschutz, Rankgitter, Zäune

## Bechermalve, Buschmalve
*Lavatera trimestris*

**Wuchs:** 50 bis 80 cm; aufrecht, buschig verzweigt
**Blüte:** weiß, zartrosa, karminrosa; bis 12 cm Durchmesser; Juli bis Oktober
**Standort:** sonnig; Boden mager
**Pflege:** reichlich gießen, Staunässe vermeiden; Samen ausbrechen, sonst sterben die Pflanzen ab
**Vermehrung:** Vorkultur oder Direkt-Aussaat
**Verwendung:** bunte Beete

## Garten-Levkoje
*Matthiola incana*

**Wuchs:** 25 bis 50 cm; aufrecht buschig
**Blüte:** weiß, gelb, rosa, violett, rot; duftend Juni bis Oktober
**Standort:** sonnig bis halbschattig; Boden nahrhaft, feucht, durchlässig
**Pflege:** hohe Sorten stützen; verblühte Stängel abschneiden
**Vermehrung:** Aussaat im Vorfrühling unter Glas; später direkt; Pflanze versamt sich auch selbst
**Verwendung:** bunte Beete, Bauerngarten; Schnittblume

## Klatschmohn
*Papaver rhoeas*

**Wuchs:** 30 bis 90 cm hoch; aufrecht buschig
**Blüte:** scharlachrot; von Mai bis Juli
**Standort:** sonnig; Boden mager, gut durchlässig
**Pflege:** keinen Stickstoffdünger geben (Blüten fallen ab); Staunässe vermeiden
**Vermehrung:** Direkt-Aussaat im Frühjahr
**Verwendung:** bunte Beete; als Solitär, Kiesgärten, Bauerngarten

## Bartfaden
*Penstemon hartwegii*

**Wuchs:** 45 bis 90 cm; Zwergformen 15 cm; aufrecht buschig
**Blüte:** weiß, gelb, rosa, scharlachrot; Röhrenblüten; Juni bis Oktober
**Standort:** sonnig bis halbschattig; Boden humusreich, sandig, durchlässig
**Pflege:** hohe Sorten stützen; Verblühtes ausputzen
**Vermehrung:** Aussaat im Herbst oder Frühjahr unter Glas
**Verwendung:** bunte Beete, Lückenfüller

## Feuer-Salbei, Pracht-Salbei
*Salvia splendens*

**Wuchs:** 25 bis 40 cm; aufrecht buschig
**Blüte:** weiß, lachsrosa, blau; purpurrot; Juni bis September
**Standort:** sonnig bis halbschattig; Boden nahrhaft, durchlässig
**Pflege:** Triebspitzen abzwicken; Staunässe vermeiden
**Vermehrung:** Aussaat im Sommer unter Glas (Samen einweichen)
**Verwendung:** Landhausgarten, bunte Beete, Solitär-Gruppen; auch für Kästen und Kübel

## Schwarzäugige Susanne
*Thunbergia alata*

**Wuchs:** rankend, bis 2 m
**Blüte:** weiß, gelb, orange, teils mit dunklem Auge; Mai bis Oktober
**Standort:** sonnig; Boden nahrhaft, feucht, durchlässig
**Pflege:** Rankhilfe erforderlich; Jungpflanzen an Stöcken ziehen
**Vermehrung:** Aussaat im zeitigen Frühjahr unter Glas
**Verwendung:** in Gruppen an Zäunen, Pergolen, Rankgerüsten; als Sichtschutz; auch Topfkultur

## Kapuzinerkresse
*Tropaeolum majus*

**Wuchs:** 20 bis 30 cm, je nach Sorte buschig oder lang rankend
**Blüte:** gelb, orange, rot, auch mehrfarbig; Juni bis Oktober
**Standort:** sonnig; Boden gleichmäßig feucht, durchlässig.
**Pflege:** reichlich gießen, wöchentlich düngen; auf Blattläuse achten
**Vermehrung:** Aussaat im Frühjahr direkt oder Vorkultur
**Verwendung:** bunte Beete, Lückenfüller; Topfkultur

## Zinnie
*Zinnia elegans*

**Wuchs:** 30 bis 100 cm, straff aufrecht, gablig verzweigt
**Blüte:** weiß, gelb, rosa, purpur, einfach, gefüllt bis ballförmig
**Standort:** sonnig; Boden nährstoffreich, gut durchlässig
**Pflege:** Staunässe vermeiden; Verblühtes ausputzen
**Vermehrung:** Vorkultur unter Glas, Direkt-Aussaat im Spätfrühling
**Verwendung:** bunte Beete, Gruppenpflanzung; Schnittblume

# Stauden gehören zu den Haupt-akteuren im Garten

Neben Bäumen, Sträuchern und Rosen gehören Stauden zu den wichtigsten Pflanzen im Garten. Ganz besonders Prachtstauden, wie Rittersporn, Mädchenauge, Astilben, Tränendes Herz, Sonnenbraut, Taglilien und zunehmend Chrysanthemen sind gefragt. Stauden haben den Vorteil, dass sie mehrjährig wachsen: Wenn sie sich an ihrem Platz erst einmal wohl fühlen, werden sie von Jahr zu Jahr schöner und prachtvoller, die meisten jedenfalls. Das heißt, sie breiten sich aus. Manchmal bieten sie sogar zuviel des Guten und sind, ehe Sie sich versehen, dabei, den ganzen Garten zu erobern. Wenn das der Fall ist, heißt es eine strenge Hand zu zeigen und Einhalt zu gebieten, indem die Pflanzen im Herbst oder Frühjahr rigoros geteilt werden.

## Vermehrung leicht gemacht

Ob groß oder klein, teilen können Sie nahezu alle Stauden: Dazu den Wurzelstock mit einer Stechschaufel teilen, je nach Größe auch dritteln oder vierteln. Die Teilstücke nach Bedarf andernorts im Garten einpflanzen oder an Freunde und Nachbarn verschenken.

## Goldgarbe, Hohe Garbe
*Achillea filipendulina*

**Wuchs:** 100 bis 120 cm hoch, aufrecht und buschig
**Blüte:** goldgelb, schirmartige Dolden; Juni bis September; aromatischer Duft
**Standort:** sonnig; durchlässiger Boden
**Pflege:** Pflanzabstand 40 bis 50 cm; wenig gießen; Boden locker und unkrautfrei halten; Rückschnitt im Spätherbst oder Frühjahr
**Verwendung:** bunte Beete, Rabatten; Schnittblume

## Blauer Eisenhut
*Aconitum napellus*

**Wuchs:** 100 bis 120 cm hoch, straff aufrecht
**Blüte:** blauviolett; Juli bis August
**Standort:** sonnig bis halbschattig; frischer, sandig-humoser bis sandig-lehmiger Boden
**Pflege:** Pflanzabstand 40 cm; regelmäßig gießen; Spross im späten Herbst oder zeitigen Frühjahr zurückschneiden
**Verwendung:** bunte Beete, Rabatten, Gehölzrand; Einzelpflanzung; giftig

## Stockrose, Stockmalve
*Alcea-Ficifolia-Hybriden*

**Wuchs:** aufrecht, 2 bis 2,5 m hoch
**Blüte:** einfache Blüten in Farbmischungen, Juli bis September
**Standort:** sonnig; Boden mager und gut durchlässig
**Pflege:** im Spätherbst anhäufeln; anfällig gegen Rost, daher ein- bzw. zweijährig ziehen oder resistente Sorten verwenden
**Vermehrung:** Aussaat
**Verwendung:** Beete; Bauerngartenpflanze; an Zaun oder Mauer

## Großblättriger Frauenmantel
*Alchemilla mollis*

**Wuchs:** 40 bis 50 cm hoch, breit, bodendeckende Horste
**Blüte:** grüngelb, schleierartig, von Juni bis Juli
**Standort:** sonnig bis halbschattig; Boden neutral
**Pflege:** leicht feucht halten; mäßig düngen, Rückschnitt nach der Blüte
**Vermehrung:** Aussaat und Teilung
**Verwendung:** Beeteinfassung, Terrassenbeet, Gehölzrand

## Herbst-Anemone
*Anemone hupehensis var. japonica*

**Wuchs:** 60 bis 90 cm, buschig und aufrecht
**Blüte:** rosa, violett; von August bis September
**Standort:** sonnig bis halbschattig; Boden leicht feucht, durchlässig
**Pflege:** Pflanzabstand 30 bis 40 cm; mäßig düngen; im Winter mit Kompost mulchen
**Vermehrung:** Aussaat und Teilung
**Verwendung:** bunte Beete; Vorgarten; Insektenweide

## Färber-Hundskamille
*Anthemis tinctoria*

**Wuchs:** 40 bis 80 cm hoch, buschig
**Blüte:** weiß, gelb, margeritenartig; von Juli bis September
**Standort:** sonnig; Boden neutral, mäßig trocken und gut durchlässig
**Pflege:** wenig düngen, Staunässe vermeiden; ausputzen; Rückschnitt in Bodennähe bis zu den neuen Trieben
**Vermehrung:** Aussaat und Teilung
**Verwendung:** bunte Beete; Schnittblume

## Herbst-Aster, Kissen-Aster
*Aster dumosus*

**Wuchs:** 20 bis 40 cm hoch, kompakt und buschig
**Blüte:** weiß, rosa, blau, einfach oder gefüllt; von August bis Oktober
**Standort:** sonnig; Boden mäßig feucht, nährstoffreich
**Pflege:** Rückschnitt im Spätherbst; leichter Winterschutz
**Vermehrung:** Aussaat, Stecklinge, Teilung
**Verwendung:** Steingärten, bunte Beete; Schnittblume

## Glattblatt-Aster
*Aster novi-belgii*

**Wuchs:** 100 bis 150 cm hoch, reich verzweigt; breitbuschig
**Blüte:** weiß, blau, rosa, rot, violett; von August bis Oktober
**Standort:** sonnig; Boden leicht feucht, nährstoffreich, durchlässig
**Pflege:** Standort oft wechseln, Pflanzen stützen; Rückschnitt im Herbst
**Vermehrung:** Aussaat, Stecklinge, Teilung
**Verwendung:** bunte Beete, Bauerngarten; Schnittblume

## Prachtspiere, Garten-Astilbe
*Astilbe × arendsii*

**Wuchs:** 80 bis 100 cm hoch, aufrecht und buschig
**Blüte:** rosa, weiß, rot, Feder-Rispen; von Juli bis September
**Standort:** halbschattig bis schattig; Boden gleichmäßig feucht, humusreich
**Pflege:** Beet mit Kompost anreichern; Rückschnitt im Frühjahr.
**Vermehrung:** Teilung
**Verwendung:** Gehölzrand, Vorgarten; Winterschmuck; Schnittblume

## Karpaten-Glockenblume
*Campanula carpatica*

**Wuchs:** 15 bis 30 cm hoch, 30 bis 60 cm breit; horstbildend
**Blüte:** weiß, violett; von Juni bis August
**Standort:** sonnig bis halbschattig; Boden neutral, gut durchlässig
**Pflege:** mäßig feucht halten, Staunässe vermeiden; wenig düngen; Rückschnitt nach der Blüte
**Vermehrung:** Aussaat, Teilung
**Verwendung:** Einfassungen, Steingarten, auch für Tröge und Kübel

## Berg-Flockenblume
*Centaurea montana*

**Wuchs:** 30 bis 50 cm; aufrecht und buschig, horstbildend
**Blüte:** weiß, rosa, blau, distelartig; von Mai bis Juli
**Standort:** sonnig bis halbschattig; Boden neutral, nährstoffreich, feucht, durchlässig
**Pflege:** anfällig für Mehltau, Blätter beim Gießen nicht benetzen
**Vermehrung:** Aussaat, Teilung
**Verwendung:** bunte Beete, Gehölz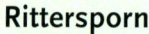rand; Schnittblume

## Herbst-Chrysantheme
*Chrysanthemum indicum*

**Wuchs:** 50 bis 70 cm; aufrecht
**Blüte:** weiß, rosa, rot, gelb; einfach, halb gefüllt oder gefüllt; von September bis November
**Standort:** sonnig; anspruchslos; geschützt
**Pflege:** gleichmäßig feucht halten, keine Staunässe; wenig düngen; nach der Blüte handhoch abschneiden
**Vermehrung:** Teilung im Frühjahr
**Verwendung:** bunte Beete, Herbst-Blüte; Schnittblume

## Mädchenauge
*Coreopsis lanceolata*

**Wuchs:** 50 bis 70 cm hoch; aufrecht und buschig
**Blüte:** gelb, gelb mit braunem Auge, gelb mit rotbraunem Ring; von Juni bis August
**Standort:** sonnig bis halbschattig; Boden durchlässig, nährstoffreich
**Pflege:** gleichmäßig gießen; Verblühtes regelmäßig entfernen
**Vermehrung:** Aussaat, Teilung
**Verwendung:** bunte Beete, Rabatten; Schnittblume

## Rittersporn
*Delphinium × cultorum Elatum-Hybriden*

**Wuchs:** 90 bis 120 cm hoch; aufrecht, horstbildend
**Blüte:** blau, violett, weiß; von Juni bis Oktober
**Standort:** sonnig; windgeschützt; Boden neutral, nährstoffreich, locker, durchlässig
**Pflege:** Beet feucht halten; Rückschnitt nach der 1. Blüte bringt 2. Flor
**Vermehrung:** Aussaat, Teilung
**Verwendung:** Rabatten, an Mauer oder Zaun; Schnittblume

## Tränendes Herz
*Dicentra spectabilis*

**Wuchs:** 70 bis 100 cm hoch, 60 bis 80 cm breit; buschig überhängend
**Blüte:** rot mit weiß, reinweiß; von Ende April bis Juni
**Standort:** sonnig bis halbschattig; Boden kalkfrei, nährstoffreich, leicht feucht
**Pflege:** Wurzelstock nicht zu tief setzen; regelmäßig gießen
**Vermehrung:** Aussaat; Teilung
**Verwendung:** bunte Beete, Gehölz-rand, Bauerngarten; Schnittblume

## Griechische Kugeldistel
*Echinops rito*

**Wuchs:** 80 bis 100 cm; horstbildend, aufrecht und buschig
**Blüte:** violettblau, weiß, distelähnlich; von Juni bis September
**Standort:** sonnig; Boden neutral, mager, trocken und durchlässig
**Pflege:** in windiger Lage stützen; Rückschnitt im Frühjahr oder Herbst; wenig gießen
**Vermehrung:** Aussaat, Teilung
**Verwendung:** bunte Beete, Solitär; Schnittblume, Trockenfloristik

## Isabellen-Steppenkerze
*Eremurus × isabellinus*

**Wuchs:** 80 bis 200 cm; straff aufrecht; horstbildend
**Blüte:** weiß, gelb, orange, rosa, bronzefarben; in langen Blütenkerzen; von Juni bis Juli
**Standort:** sonnig; windgeschützt; Boden durchlässig, trocken, nährstoffreich
**Pflege:** Triebe stützen; Winterschutz
**Vermehrung:** Aussaat, Teilung
**Verwendung:** bunte Beete, Solitär; Schnittblume

## Bunte Wolfsmilch
*Euphorbia polychroma*

**Wuchs:** 30 bis 40 cm hoch; rundlich, buschig, horstbildend; wird von Jahr zu Jahr schöner
**Blüte:** gelb, winzig; grünlich gelbe Hüllblätter; von Mai bis Juni
**Standort:** sonnig; Boden mäßig trocken, mager und durchlässig
**Pflege:** wenig gießen und düngen
**Vermehrung:** Aussaat, Teilung
**Verwendung:** bunte Rabatte, am Wegrand, vor Gehölzen, als Solitär; Schnittblume

## Pracht-Storchschnabel
*Geranium × magnificum* (Bild: 'Rosemeer')

**Wuchs:** aufrecht buschig, horstbildend; 40 bis 60 cm hoch; 60 cm breit
**Blüte:** blauviolett; von Juni bis Juli
**Standort:** sonnig bis halbschattig; Boden frisch, humos, durchlässig
**Pflege:** regelmäßig wässern und düngen
**Vermehrung:** Teilung
**Verwendung:** bunte Beete, Gehölzrand; lockt Bienen und Schmetterlinge an

## Garten-Nelkenwurz
*Geum*-Hybriden

**Wuchs:** aufrecht, horstbildend; 30 bis 50 cm hoch, 30 cm breit
**Blüte:** ziegelrot; von Mai bis Juli
**Standort:** sonnig bis halbschattig; Boden mäßig frisch, durchlässig, nicht zu nass
**Pflege:** regelmäßig wässern und düngen
**Vermehrung:** Aussaat, Teilung
**Verwendung:** bunte Beete, Gehölzrand, Steingarten; lockt Bienen und Schmetterlinge an

## Rispen-Schleierkraut
*Gypsophila paniculata*

**Wuchs:** 50 bis 80 cm hoch; aufrecht buschig, dicht verzweigt
**Blüte:** weiß, rosa; lockere Rispen; von Juli bis August
**Standort:** sonnig; Boden locker, durchlässig und kalkhaltig
**Pflege:** gelegentlich düngen; Rückschnitt im Herbst und Frühjahr
**Vermehrung:** Aussaat, Stecklinge, Teilung
**Verwendung:** bunte Beete; Schnittblume

## Sonnenbraut
*Helenium*-Hybriden

**Wuchs:** 70 bis 120 cm hoch; aufrecht, horstbildend
**Blüte:** gelb, kupfer, orange, rot; Blütenköpfe; von Juni bis September
**Standort:** sonnig; Boden neutral, nährstoffreich, feucht, durchlässig
**Pflege:** hohe Sorten stützen; regelmäßig gießen; Erde nicht austrocknen lassen
**Vermehrung:** Stecklinge
**Verwendung:** bunte Beete, Solitär als Farbinsel; Schnittblume

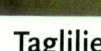

### Sonnenauge
*Heliopsis helianthoides var. scabra*

**Wuchs:** 60 bis 150 cm hoch; aufrecht buschig horstbildend
**Blüte:** gelb, orange; gefüllt, ungefüllt; von Juli bis September
**Standort:** sonnig; Boden frisch
**Pflege:** regelmäßig gießen und düngen; Pflanzabstand 60 bis 70 cm; Spross im späten Herbst oder zeitigen Frühjahr zurückschneiden
**Vermehrung:** Teilung
**Verwendung:** bunte Beete; Schnittblume

### Frühlings-Nieswurz
*Helleborus-Orientalis-Hybriden*

**Wuchs:** 30 bis 40 cm hoch; 40 bis 50 cm breit; buschig, horstbildend
**Blüte:** weiß, rosa, rot; von Februar bis April
**Standort:** sonnig bis halbschattig; geschützt; Boden schwach sauer, durchlässig
**Pflege:** hoher Nährstoffbedarf
**Vermehrung:** Aussaat, Teilung
**Verwendung:** bunte Beete, Steingarten, Gehölzrand, Bauerngarten, Topfgarten, Schnittblume

### Taglilie
*Hemerocallis-Hybriden*

**Wuchs:** 50 bis 60 cm hoch, 50 cm breit; buschig, horstbildend
**Blüte:** gelb, orange, rosa, rot; große Kelche oder Schalen; von Juni bis September
**Standort:** sonnig bis halbschattig; Boden nährstoffreich, feucht, gut durchlässig
**Pflege:** regelmäßig gießen und düngen
**Vermehrung:** Teilung
**Verwendung:** bunte Beete, Solitärpflanzung, Bauerngarten

### Purpurglöckchen
*Heuchera micrantha 'Palace Purple'*

**Wuchs:** 40 bis 60 cm; buschig kompakt, horstbildend
**Blüte:** rosaweiße Rispen; Juli bis August
**Blätter:** purpurfarben; wintergrün
**Standort:** halbschattig; Boden neutral, nährstoffreich, durchlässig
**Pflege:** regelmäßig gießen, düngen; in rauen Gegenden Winterschutz
**Vermehrung:** Teilung; Aussaat
**Verwendung:** Blattschmuck; Schattenbeet, Gehölzrand, Topfkultur

### Funkie, Herzlilie
*Hosta × fortunei*

**Wuchs:** 50 bis 75 cm; buschig, horstbildend
**Blüte:** lila Rispen; Juli bis August
**Blätter:** gerippt in Grün, Gelb, Blaugrün und Blaugrau, einfarbig, hell gesäumt oder gefleckt
**Standort:** halbschattig bis schattig; Boden feucht, nahrhaft, humusreich
**Pflege:** auf Schnecken achten
**Vermehrung:** Teilung
**Verwendung:** Blattschmuck; Schattenbeet, Unterpflanzung von Bäumen

### Bart-Iris
*Iris barbata*

**Wuchs:** 15 bis 120 cm hoch; aufrecht, Rhizom bildend
**Blüte:** violett, rosa, rot, blau, weiß gelb; von Mai bis Juni
**Standort:** sonnig; Boden neutral bis leicht sauer; sandig-durchlässig
**Pflege:** abgeblühte Stängel entfernen; Rhizome im Winter mit Stroh oder Laub abdecken
**Vermehrung:** Teilung
**Verwendung:** bunte Beete, Vorgarten; giftig

## Schopf-Lavendel
*Lavandula stoechas*

**Wuchs:** 50 bis 60 cm; aufrecht buschig
**Blüte:** purpurrot; kolbenartig; gezipfelt, von Juli bis Oktober
**Standort:** sonnig; Boden kalkhaltig, nicht zu feucht
**Pflege:** abgeblühte Triebe einkürzen; Winterschutz; im Frühjahr alle Triebe um ein Drittel zurückschneiden
**Vermehrung:** Stecklinge
**Verwendung:** bunte Beete, Vorgarten, Duftecken

## Prachtscharte
*Liatris spicata*

**Wuchs:** 60 bis 120 cm hoch, 40 bis 60 cm breit; horstbildend; straff aufrecht
**Blüte:** violett, weiß, kolbenartig; blüht von oben nach unten auf; Juli bis September
**Standort:** sonnig; Boden neutral, gut durchlässig, sandig-lehmig, feucht
**Pflege:** vor Wühlmäusen schützen
**Vermehrung:** Teilung
**Verwendung:** bunte Beete; Schnittblume

## Garten-Lupine
*Lupinus-Polyphyllus-*Gruppe

**Wuchs:** 70 bis 100 cm hoch und 60 cm breit; straff aufrecht; horstbildend
**Blüte:** weiß, gelb, rosa, rot, violett, blau; Kerzen-Rispen; Juni bis August
**Standort:** sonnig bis halbschattig; Boden leicht sauer, tiefgründig, nahrhaft, gut durchlässig, leicht feucht
**Pflege:** Verblühtes entfernen, dann kommt 2. Blüte
**Vermehrung:** Aussaat, Stecklinge
**Verwendung:** bunte Beete, Duftecken

## Brennende Liebe
*Lychnis calcedonica* (syn. *Silene calcedonica*)

**Wuchs:** 60 bis 100 cm hoch; straff aufrechte Horste
**Blüte:** leuchtend scharlachrot; von Juni bis Juli; flache Dolden
**Standort:** sonnig; Boden neutral, nahrhaft und durchlässig
**Pflege:** Verblühtes entfernen; regelmäßig gießen
**Vermehrung:** Aussaat, Stecklinge, Teilung
**Verwendung:** bunte Beete, Bauerngarten; Schnittblume

## Gold-Felberich
*Lysimachia punctata*

**Wuchs:** 60 bis 80 cm hoch, 40 bis 60 cm breit; aufrechte Horste
**Blüte:** goldgelbe Kerzen-Rispen; von Juni bis August.
**Standort:** sonnig bis halbschattig; Boden schwach sauer, nahrhaft, leicht feucht
**Pflege:** Trockenheit vermeiden; hohe Pflanzen stützen
**Vermehrung:** Stecklinge, Teilung
**Verwendung:** bunte Beete, Vorgarten, Gehölzrand; Schnittblume

## Moschus-Malve
*Malva moschata*

**Wuchs:** 60 bis 80 cm hoch; aufrecht
**Blüte:** rosa, becherförmig; von Juni bis September; Blüten halten wochenlang
**Standort:** sonnig; Boden schwach sauer, leicht feucht, durchlässig
**Pflege:** hohe Pflanzen stützen; regelmäßig gießen und düngen
**Vermehrung:** Aussaat
**Verwendung:** bunte Beete, Duftecken, Bauerngarten; Blüten für Potpourris aller Art

## Katzenminze
*Nepeta × fassenii*

**Wuchs:** 25 bis 30 cm hoch und breit; kompakt, buschig, horstbildend
**Blüte:** violett in Rispen; von Juni bis September
**Standort:** sonnig; Boden neutral, locker und durchlässig
**Pflege:** wenig gießen und düngen; nach der Blüte zurückschneiden
**Vermehrung:** Aussaat, Stecklinge, Teilung
**Verwendung:** Beete, Wegbegrenzung, Steingärten, Duftecken, Topfgarten

## Nachtkerze
*Oenothera fruticosa*

**Wuchs:** 30 bis 80 hoch, 30 bis 40 cm breit; horstbildend
**Blüte:** gelb; von Mai bis Juni; öffnet sich in den Abendstunden; duftend
**Standort:** sonnig; Boden neutral, mäßig trocken bis frisch, durchlässig, nicht zu nahrhaft
**Pflege:** wenig bis regelmäßig gießen; vor Winternässe schützen
**Vermehrung:** Aussaat, Stecklinge, Teilung
**Verwendung:** bunte Beete, Solitär

## Edel-Pfingstrose
*Paeonia-Lactiflora-Hybriden*

**Wuchs:** 50 bis 100 cm hoch, 50 bis 70 cm breit, aufrecht buschig, horstbildend
**Blüte:** weiß, rosa, rot, gelb; einfach oder gefüllt; Mai bis Juni; duftend
**Standort:** sonnig; Boden mäßig trocken bis frisch, durchlässig
**Pflege:** hoher Nährstoffbedarf, wenig bis regelmäßig gießen
**Vermehrung:** Aussaat, Teilung
**Verwendung:** bunte Beete; Schnittblume, giftig

## Orientalischer Mohn
*Papaver orientale*

**Wuchs:** 60 bis 80 cm hoch, 60 bis 90 cm breit; buschig
**Blüte:** leuchtend rot; von Mai bis Juni; Einzelblüten kurzlebig
**Standort:** sonnig; Boden neutral, durchlässig und nährstoffreich
**Pflege:** wenig gießen und düngen; Verblühtes stehen lassen, damit sich Samenkapseln bilden
**Vermehrung:** Aussaat, Teilung
**Verwendung:** bunte Beete; Samenkapseln für Trockenfloristik

## Hohe Flammenblume
*Phlox paniculata*

**Wuchs:** 80 bis 120 cm; aufrecht, horstbildend
**Blüte:** weiß, rosa, lachsfarben, purpur, violett; panaschiert; üppige Dolden; von Juli bis Oktober;
**Standort:** sonnig bis halbschattig; Boden nahrhaft und durchlässig
**Pflege:** regelmäßig gießen und düngen; im Frühjahr zurückschneiden
**Vermehrung:** Teilung, Stecklinge
**Verwendung:** bunte Beete; Schnittblume

## Kugel-Primel
*Primula denticulata*

**Wuchs:** 25 bis 30 cm hoch; bodennahe Blattrosetten
**Blüte:** weiß, violett, rot; von März bis April; kugelige Blütendolde auf zartem Blütenstängel
**Standort:** sonnig bis halbschattig; Boden humusreich und gleich bleibend feucht
**Pflege:** Boden vor dem Pflanzen und später mit Kompost anreichern
**Vermehrung:** Aussaat
**Verwendung:** alle Gartenplätze

## Sonnenhut
*Rudbeckia fulgida* var. *sullivantii* 'Goldsturm'

**Wuchs:** 50 bis 60 cm hoch, 40 cm breit; buschig, aufrecht, horstbildend
**Blüte:** goldgelb mit brauner Mitte; von August bis Oktober.
**Standort:** sonnig; Boden nährstoffreich, leicht feucht, durchlässig
**Pflege:** Verblühtes entfernen
**Vermehrung:** Teilung
**Verwendung:** bunte Beete, Bauerngarten, Solitär in großem Tuff

## Steppen-Salbei
*Salvia nemorosa*

**Wuchs:** 50 bis 70 cm hoch, 30 bis 50 cm breit; aufrecht buschig
**Blüte:** violett, blauviolett; von Juni bis August; Rachenblüten in etwa 20 cm langen, lockeren Rispen
**Standort:** sonnig bis halbschattig; Boden nährstofffrei und gut durchlässig
**Pflege:** vor Winternässe schützen
**Vermehrung:** Aussaat, Teilung
**Verwendung:** bunte Beete, Vorgarten, Steingarten; Insektenweide

## Skabiose
*Scabiosa caucasia*

**Wuchs:** 40 bis 60 cm hoch und ebenso breit; aufrecht, horstbildend
**Blüte:** weiß, violett, lavendelblau; von Juli bis September
**Standort:** sonnig; Boden leicht kalkhaltig, nährstoffreich und gut durchlässig
**Pflege:** wenig gießen; Verblühtes entfernen; vor Winternässe schützen
**Vermehrung:** Aussaat, Teilung
**Verwendung:** bunte Beete, Solitär-Gruppe

## Fetthenne
*Sedum telephium*

**Wuchs:** 40 bis 60 cm hoch, 30 cm breit; aufrecht buschig, horstbildend
**Blüte:** kompakte Dolden in Purpurrosa; von August bis September
**Standort:** sonnig; Boden nährstoffreich, locker, durchlässig
**Pflege:** schwere Blütenstände stützen; vor Winternässe schützen
**Vermehrung:** Aussaat, Stecklinge
**Verwendung:** bunte Beete, Solitär, Topfkultur; Schnittblume

## Goldrute
*Solidago*-Hybriden

**Wuchs:** 70 bis 80 cm hoch, 50 bis 60 cm breit; buschige Horste
**Blüte:** goldgelb, orangegelb; in filigranen, spitzen Rispen; von Juli bis September
**Standort:** sonnig bis halbschattig
**Pflege:** Verblühtes regelmäßig entfernen, sonst Selbstaussaat; auf Mehltaubefall achten
**Vermehrung:** Stecklinge, Teilung
**Verwendung:** bunte Beete; Schnittblume

## Dreimasterblume
*Tradescantia-Andersoniana*-Hybriden

**Wuchs:** 40 bis 60 cm hoch, 50 cm breit; aufrecht, buschig, horstbildend
**Blüte:** weiß, rosa, violett; von Juni bis September
**Standort:** sonnig; Boden schwach sauer, durchlässig, nährstoffreich
**Pflege:** reichlich gießen und düngen; nach der Blüte zurückschneiden
**Vermehrung:** Teilung
**Verwendung:** bunte Beete, Teichufer; Insektenweide

# Zwiebelblumen

Spätestens wenn Sie Ende Januar, Anfang Februar die ersten Krokusse und Schneeglöckchen erspähen, können Sie gewiss sein, dass der Frühling naht. Nach und nach durchstoßen robuste Zwiebelblumen die noch kalte Wintererde. Wie sehr erfreuen wir uns alle Jahre über das Erscheinen von Tulpen, Narzissen & Co.

### Auch drinnen genießen

Man kann sich kaum dazu durchringen, einen Strauß dieser bunten Blumen abzuschneiden. Damit unsere Blüten-Inseln im Garten und am Terrassenhang nicht geschmälert

werden, kauft man sich lieber einen Strauß auf dem Markt. Denn im Frühling sind sie die unangefochtenen Blüten-Stars!

### Zwiebelblumen in Gesellschaft

Besonders schöne Pflanzkombinationen: pinkfarbene Tulpen mit rosafarbenen Vergissmeinnicht; Zier-Lauch mit Blaukissen; Narzissen mit Wolfsmilch; weiße Tulpen mit rosafarbenem Tränendem Herz; Traubenhyazinthen mit weißem Vergissmeinnicht.

Achten Sie beim Kauf von Blumenzwiebeln und -knollen auf gesunde, feste Zwiebeln und Knollen.

### Zier-Lauch, Riesen-Lauch
*Allium giganteum*

**Wuchs:** 1,5 bis 2 m; aufrecht, kompakt; horstbildend
**Blüte:** violettblau bis purpurviolett; kleine Sternblüten in Blütenkugeln; Juli bis August
**Standort:** sonnig bis halbschattig; Boden nährstoffreich, gut durchlässig
**Pflege:** wenig gießen, Staunässe vermeiden
**Vermehrung:** Tochterzwiebeln
**Verwendung:** bunte Rabatten, Gehölzrand, Solitär

### Strahlen-Anemone, Schönes Windröschen
*Anemone blanda*

**Wuchs:** flächig, horstbildend, schnell wachsend; 10 bis 25 cm hoch, 30 bis 100 cm breit
**Blüte:** weiß, blau, hellviolett, dunkelviolett; von März bis April
**Standort:** sonnig bis halbschattig; vor/unter Gehölzen; Boden frisch bis feucht, durchlässig bis humos
**Pflege:** 5 cm tief pflanzen
**Verwendung;** Topfkultur, Einfassung, Steingarten

### Prärielilie, Präriekerze
*Camassia-Arten*

**Wuchs:** je nach Art 30 bis 110 cm hoch; aufrecht, horstbildend
**Blüte:** weiße, zartgelbe, violette, blaue Blütenkerzen; April bis Juni
**Standort:** sonnig bis halbschattig; Boden humusreich, feucht, durchlässig, locker
**Pflege:** gleichmäßig gießen, wenig düngen; Winterschutz nötig
**Vermehrung:** Brutzwiebeln im Sommer abtrennen
**Verwendung:** bunte Beete, Solitär

### Indisches Blumenrohr
*Canna-Indica-Hybriden*

**Wuchs:** Sorten von 40 bis 80 und 90 bis 200 cm; aufrecht, horstbildend
**Blüte:** gelb, orange, rosa, violett, rot, mehrfarbig; Juli bis Oktober
**Blätter:** grün, rotbraun, mehrfarbig
**Standort:** sonnig, windgeschützt; Boden nährstoffreich, durchlässig
**Pflege:** regelmäßig gießen; 14-tägig düngen, ausputzen; Rhizome frostfrei überwintern
**Vermehrung:** Aussaat, Teilung
**Verwendung:** bunte Beete, Solitär

## Schneestolz
*Chionodoxa*-Arten

**Wuchs:** 15 bis 20 cm, kompakt; horst-
bildend, Blätter überhängend.
**Blüte:** weiß, rosa, blau, Sternbluten;
März bis April
**Blätter:** glänzend grün; lang, schmal
**Standort:** sonnig; Boden sandig-
durchlässig
**Pflege:** Pflanzung im Herbst; in rauen
Lagen Winterschutz
**Vermehrung:** Aussaat nach Samen-
reife, Tochterzwiebeln im Sommer
**Verwendung:** Steingarten, Gehölzrand

## Hakenlilie
*Crinum × powellii*

**Wuchs:** 60 bis 120 cm; aufrecht, horst-
bildend
**Blüte:** hellrosa, weiß, amaryllis-
ähnlich; Juli bis September
**Standort:** sonnig bis halbschattig;
Boden feucht, durchlässig, humus-,
nährstoffreich
**Pflege:** Pflanzung im Frühjahr; Winter-
schutz erforderlich
**Vermehrung:** Tochterzwiebeln im
Frühjahr abnehmen
**Verwendung:** bunte Beete, Solitär

## Großblumiger
## Garten-Krokus
*Crocus*-Hybriden

**Wuchs:** 10 bis 15 cm, in lockeren
Horsten
**Blüte:** weiß, gelb, violett, blau, purpur,
mehrfarbig und gestreift; März bis
April
**Standort:** sonnig; Boden gut durchläs-
sig
**Pflege:** Pflanzung im Herbst in Draht-
körben (Wühlmausschutz)
**Vermehrung:** Aussaat, Tochterknollen
**Verwendung:** bunte Beete, im Rasen

## Dahlie
*Dahlia*-Hybriden

**Wuchs:** 30 bis 130 cm; aufrecht
buschig, horstbildend
**Blüte:** weiß, gelb, orange, rosa, schar-
lachrot, purpur; Juli bis Oktober
**Standort:** sonnig; Boden nahrhaft,
durchlässig
**Pflege:** Pflanzzeit Mitte Mai; regelmäßig
gießen, düngen; Knollen im Herbst
ausgraben, frostfrei überwintern
**Vermehrung:** Teilung, Stecklinge
**Verwendung:** bunte Beete, Solitär;
Schnittblume

## Winterling
*Eranthis*-Arten

**Wuchs:** 10 bis 15 cm; kompakt, horstbildend
**Blüte:** gelb; Februar bis März
**Standort:** halbschattig; Boden feucht,
aber durchlässig
**Pflege:** Knollen direkt unter die Oberfläche setzen; nach der Blüte wenig
düngen
**Vermehrung:** Tochterzwiebeln, Teilung
nach der Blüte
**Verwendung:** unter lichten Laub-
gehölzen; verwildern im Rasen

## Schachbrettblume, Kiebitzei
*Fritillaria meleagris*

**Wuchs:** 25 bis 35 cm; aufrecht, horst-
bildend
**Blüte:** weiße, purpur-rosafarbene, ge-
fleckte Blütenglocken; April bis Mai
**Standort:** sonnig bis halbschattig;
Boden feucht, humusreich
**Pflege:** Verblühtes bodennah
abschneiden; Winterschutz
**Vermehrung:** samt sich aus; Teilung
großer Horste im Spätsommer
**Verwendung:** im lichten Schatten von
Bäumen; verwildert gern

## Schneeglöckchen
*Galanthus-Arten*

**Wuchs:** 10 bis 20 cm; kompakt, überhängend, horstbildend
**Blüte:** weiß, weißgrün; einfach und gefüllt; Januar bis März
**Standort:** sonnig bis schattig; Boden frisch, durchlässig, humos
**Pflege:** nicht düngen
**Vermehrung:** zu dicht wachsende Horste nach der Blüte teilen und frisch einpflanzen
**Verwendung:** Gehölzrand, Steingarten; giftig

## Kaphyazinthe, Sommerhyazinthe
*Galtonia candicans*

**Wuchs:** 100 bis 120 cm; kompakt, horstbildend
**Blüte:** milchweiß; Glocken bis 5 cm lang, hyazinthenähnlich; duftend; Juli bis August
**Standort:** sonnig; Boden nährstoffreich, durchlässig; anspruchslos
**Pflege:** frostfrei überwintern
**Vermehrung:** Horste teilen
**Verwendung:** bunte Beete; Schnittblume, Liebhaber-Pflanze

## Gladiole, Siegwurz
*Gladiolus-Hybriden*

**Wuchs:** 50 bis 150 cm; schmal aufrecht
**Blüte:** alle Farben außer Blau, Braun und Schwarz, auch gefleckt und zweifarbig; trichterförmige Kelche in Ähren; Juli bis September
**Standort:** sonnig; Boden nährstoffreich, gut durchlässig
**Pflege:** Knollen im Herbst ausgraben
**Vermehrung:** Tochterknollen
**Verwendung:** bunte Beete; Schnittblume

## Hasenglöckchen, Glockenscilla
*Hyacinthoides-Arten*

**Wuchs:** 20 bis 30 cm; aufrecht, horstbildend
**Blüte:** weiß, rosa, blau, violett; Glöckchen in Rispen; April/Mai
**Standort:** halbschattig; Boden nährstoffreich; durchlässig
**Pflege:** Verblühtes ausputzen
**Vermehrung:** Aussaat im Herbst ins Freie; Teilung der Horste, sobald die Blätter gelb sind
**Verwendung:** bunte Beete, Steingarten

## Königs-Lilie
*Lilium regale*

**Wuchs:** 90 bis 150 cm; aufrecht
**Blüte:** weiß; große Trompeten, Juni bis Juli
**Standort:** sonnig, geschützt; Boden kalkhaltig, nährstoffreich, gut durchlässig
**Pflege:** im Herbst pflanzen; gute Dränage; in rauen Lagen Winterschutz
**Vermehrung:** Zwiebelschuppen im Sommer; Brutzwiebeln im Herbst
**Verwendung:** bunte Beete, Solitär; Schnittblume

## Traubenhyazinthe
*Muscari-Arten*

**Wuchs:** 15 bis 30 cm; aufrecht, horstbildend
**Blüte:** blau, violett, weiß; einfach oder gefüllt; traubenartige Blütenstände
**Standort:** sonnig bis halbschattig; Boden durchlässig
**Pflege:** Verblühtes abschneiden, wenig gießen und düngen
**Vermehrung:** Bestände alle 5 bis 6 Jahre im Sommer ausgraben, teilen
**Verwendung:** bunte Beete, Einfassung, Steingarten, Topfkultur

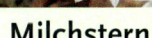

## Narzisse
*Narcissus-Arten*

**Wuchs:** sortenabhängig 10 bis 45 cm; aufrecht
**Blüte:** creme, gelb, weiß, auch rosa oder grün überhaucht, einfach und gefüllt; März bis Mai
**Standort:** sonnig bis halbschattig; Boden nährstoffreich, durchlässig, leicht feucht
**Pflege:** Zwiebel tief genug pflanzen (5 bis 10 cm), sonst nur wenige Blüten
**Vermehrung:** Tochterzwiebeln
**Verwendung:** bunte Beete

## Milchstern
*Ornithogalum-Arten*

**Wuchs:** sortenabhängig 10 bis 75 cm; aufrecht, horstbildend
**Blüte:** weiß, becher-, schalen- oder sternförmig; einzeln oder in Rispen; April bis Juni
**Standort:** halbschattig; Boden humusreich, gut durchlässig
**Pflege:** in schwere Böden Kies einarbeiten
**Vermehrung:** Tochterzwiebeln, Teilung
**Verwendung:** bunte Beete, Steingarten, Gehölzrand

## Puschkinie, Kegelblume
*Puschkinia scilloides*

**Wuchs:** 15 bis 20 cm; aufrecht
**Blüte:** weiß, hellblau, mit blauen Mittelstreifen, schneeglöckchenartig in dichten Trauben; März/April
**Standort:** sonnig bis halbschattig; Boden durchlässig, eher mager
**Pflege:** ungestört wachsen lassen
**Vermehrung:** Tochterzwiebeln nach Einziehen der Blätter
**Verwendung:** Steingarten, unter sommergrünen Bäumen, Gehölzrand, Topfkultur; als Gruppe

## Blausternchen
*Scilla siberica*

**Wuchs:** 10 bis 20 cm; aufrecht, kompakt, bodendeckend
**Blüte:** weiß, leuchtend blau, violett, glockenförmig; März/April
**Standort:** sonnig bis schattig; Boden nährstoffreich, humos, durchlässig
**Pflege:** Pflanzstelle im Herbst dünn mit Kompost bestreuen
**Vermehrung:** Tochterzwiebeln im Sommer abtrennen
**Verwendung:** bunte Beete, unter Gehölzen, Steingarten

## Jakobslilie
*Sprekelia formosissima*

**Wuchs:** 20 bis 40 cm; aufrecht
**Blüte:** leuchtend rot bis dunkelkarminrot, orchideenartig, bis 12 cm groß; Mai/Juni
**Standort:** sonnig; Boden schwach sauer, durchlässig
**Pflege:** wenig gießen und düngen; Zwiebel nur 1 bis 2 cm tief legen; Zwiebel bei etwa 15 °C überwintern
**Vermehrung:** aus Tochterzwiebeln
**Verwendung:** bunte Beete, Stauden-Rabatten, Solitär, in Schalen

## Garten-Tulpen
*Tulipa-Hybriden*

**Wuchs:** 30 bis 70 cm; aufrecht
**Blüte:** alle Farben, auch mehrfarbig oder gestreift, becherförmig, einfach und gefüllt
**Standort:** sonnig; Boden nahrhaft, durchlässig
**Pflege:** Verblühtes ausputzen, Blätter einziehen lassen; für üppige Blüte Zwiebeln ausgraben, aufbewahren, im Herbst wieder einpflanzen
**Vermehrung:** Tochterzwiebeln
**Verwendung:** bunte Beete, Gruppen

# Farne und Gräser

In Gesellschaft mit Polsterstauden oder in Blumenbeeten, im Vorgarten oder im Terrassenbeet sind Ziergräser nicht mehr wegzudenken. Die unzähligen Sorten sind attraktiv wie nie zuvor. Ob Blauschwingel, Ruten-Hirse oder Blaustrahlhafer, vor allem im Frühjahr und Herbst ziehen sie die Blicke auf sich.

Im Sommer haben sie eher den Part eines charmant-beschwingten Begleiters.

Gräser gibt es für sonnige und halbschattige Plätze, mit einer Höhe von 15 cm bis 2 m. Gepflanzt werden sie im Frühjahr.

**Auch Farne gewinnen Land**

Wenn die Lichtverhältnisse schlecht sind, sollten Sie es mit Farnen probieren. Sie kommen sehr gut mit Halbschatten und Schatten zurecht. Wintergrüne Farne sind besonders interessant, denn in dieser Jahreszeit sehnen wir uns geradezu nach Farbe. Sehr attraktiv und beschwingt zeigen sich Rippenfarn, Frauenfarn und Schildfarn, man kann sie prima mit Funkien kombinieren. Grundsätzlich lieben Farne frische bis feuchte und humusreiche Böden. Wintergrüne Sorten sollten vor kalten Winden und der Wintersonne geschützt werden.

### Braunstieliger Streifenfarn, Steinfeder
*Asplenium trichomanes*

**Wuchs:** 10 bis 12 cm; kompakt, überhängend
**Blätter:** mattgrüne, gefiederte, lanzettliche Wedel, bis 15 cm lang; wintergrün
**Standort:** halbschattig; Boden schwach sauer, humos durchlässig
**Pflege:** altes Laub im Frühjahr zurückschneiden
**Vermehrung:** Teilung alle fünf Jahre
**Verwendung:** Einfassung, Gehölzrand

### Wald-Frauenfarn
*Athyrium filix-femina*

**Wuchs:** 50 bis 90 cm hoch; breit buschig, überhängend
**Blätter:** lanzettenartig, 2- bis 3-fach gefiedert; Wedel bis 1 m lang
**Standort:** schattig und geschützt; Boden neutral, feucht, humos, nährstoffreich
**Pflege:** in rauen Lagen Winterschutz
**Vermehrung:** Teilung alle fünf Jahre
**Verwendung:** Gehölzrand, Unterpflanzung von Baum- und Strauchgruppen

### Gemeiner Wurmfarn
*Dryopteris filix-mas*

**Wuchs:** 70 bis 120 cm; aufrecht kompakt
**Blätter:** lanzettlich, 2-fach gefiederte Wedel, bis 1,2 m lang, mittelgrün
**Standort:** halbschattig; Boden feucht, sehr humos, durchlässig
**Pflege:** vor kalten, trockenen Winden schützen
**Vermehrung:** Sporenanzucht; Teilung nicht empfehlenswert
**Verwendung:** Solitär; schattige Staudenrabatten, unter Gehölzen

### Weicher Schildfarn
*Polystichum setiferum*

**Wuchs:** 45 bis 60 cm; breit trichterförmig, horstig
**Blätter:** fein gefiederte Wedel, dicht mit braunen Spreuschuppen bedeckt, mattgrün; Wedel bleiben wintergrün
**Standort:** halbschattig bis schattig; Boden feucht, humus- und nährstoffreich, locker
**Pflege:** vor Wintersonne schützen
**Verwendung:** vor und zwischen Gehölzen

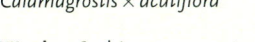

## Gemeines Zittergras
*Briza media*

**Wuchs:** 40 bis 50 cm; aufrecht buschig, horstbildend
**Ähren:** Einzelblüten hopfenähnlich, rotbraun oder purpurn, schimmernd, in lockeren Rispen; Mai bis August
**Blätter:** überhängende Büschel, hellgrün bis blaugrün
**Standort:** sonnig bis halbschattig; Boden humos und durchlässig
**Pflege:** bei Trockenheit häufig gießen
**Vermehrung:** Teilung
**Verwendung:** bunte Beete, Solitär

## Reitgras, Sandrohr
*Calamagrostis × acutiflora*

**Wuchs:** 60 bis 150 cm, straff aufrecht, horstbildend
**Ähren:** weich gefiederte, rosa getönte, gelbbraune Rispen; Juni/Juli
**Blätter:** mittelgrün, spröde
**Standort:** sonnig; Boden feucht und humos, aber auch trocken
**Pflege:** Triebe für Winter stehen lassen; Rückschnitt im Frühjahr
**Vermehrung:** Teilung im Frühjahr
**Verwendung:** bunte Beete, Teichrand, Solitär; Floristik

## Morgenstern-Segge
*Carex grayi*

**Wuchs:** 50 bis 75 cm; aufrecht buschig, horstbildend
**Ähren:** grüne Einzelblüten; stachelige Samenstände; Juli/August
**Blätter:** sattgrün, schmal, auch goldgelbe oder silberweiße Streifen
**Standort:** sonnig bis halbschattig; Boden feucht, durchlässig
**Pflege:** Rückschnitt im Frühjahr
**Vermehrung:** Teilung
**Verwendung:** bunte Beete, Teichrand; als Solitär

## Waldschmiele
*Deschampsia cespitosa*

**Wuchs:** 90 bis 120 cm; überhängend, horstbildend
**Ähren:** Einzelblüten grünlich bis silbrig rotbraun, schleierartige Rispen; Juni bis August
**Blätter:** schmal in lockeren Büscheln
**Standort:** sonnig bis halbschattig; Boden neutral bis sauer, humos
**Pflege:** alte Blütenstände vor Neuaustrieb abschneiden
**Vermehrung:** Teilung
**Verwendung:** Teichrand; Floristik

## Bärenfellgras
*Festuca gautieri (F. scoparia)*

**Wuchs:** 25 bis 30 cm; kompakt, kissenförmig, horstbildend
**Ähren:** grüne Einzelblüten; Juni bis August
**Blätter:** steif, blaugrün, kugelig
**Standort:** sonnig; Boden durchlässig
**Pflege:** Staunässe vermeiden
**Vermehrung:** ca. alle drei Jahre teilen, für Blattfarbe und Wuchskraft
**Verwendung:** bunte Beete, Steingarten; als Matten mindestens 10 Pflanzen setzen

## Reiher-Federgras
*Stipa-Arten*

**Wuchs:** 70 bis 100 cm; aufrecht überhängend, bildet lockere Horste
**Ähren:** silbrige Einzelblüten in luftigen Rispen; Juli/August
**Blätter:** schmal, bläulich- bis mittelgrün
**Standort:** sonnig; Boden nährstoffreich, durchlässig
**Pflege:** Rückschnitt im Frühwinter oder Frühjahr
**Vermehrung:** Teilung
**Verwendung:** bunte Beete, Solitär

# Kräuter – mehr als leckere Würze

Sie verkörpern im wahrsten Sinne des Wortes Gourmet-Träume: Was wäre eine Fischsuppe ohne frischen Estragon und Fenchel oder Tomaten ohne Basilikum? Wie fade und austauschbar wären Speisen ohne die Zugabe von Thymian, Rosmarin, Knoblauch oder Petersilie? Und die „Mmh, wie lecker"-Erlebnisse, wie sie uns sonnenwarme Erdbeeren mit frischer Schlagsahne und ganz jungen Schokolade-Minze-Blättchen bescheren, würden Naschkatzen schon sehr vermissen. Deshalb unbedingt eine nicht zu kleine Kräuter-Ecke im Garten mit einplanen.

Basilikum pflanzen Sie am besten in Töpfe oder einen größeren Kübel, denn die aromatischen Kräuter sind auch bei Schnecken sehr gefragt. Beim Anbau von Minzen, insbesondere der klassischen Pfefferminze (*Mentha × piperita*) bedenken, dass das Kraut wuchert und Jahr für Jahr durch tiefes Abstechen des Wurzelstocks, im Frühjahr vor dem Austrieb oder im Herbst, in Grenzen gehalten werden muss. Für den Anbau im Terrassenbeet eignet sich die Pfefferminze daher nicht. Als Trendkraut hat sich das Süßkraut, *Stevia rebaudiana*, entwickelt.

## Schnittlauch
*Allium schoenoprasum*

**Wuchs:** 20 bis 30 cm hoch; aufrecht, horstbildend
**Blüte:** violett; von Juni bis September
**Blätter:** binsenförmig, hohl, bläulich bis dunkelgrün
**Standort:** sonnig; Boden sandig-lehmig, durchlässig, frisch bis feucht
**Pflege:** regelmäßig und gleichmäßig gießen
**Ernte/Verwendung:** knapp über dem Boden abschneiden; Würze für Blattsalate und Quark

## Dill
*Anethum graveolens*

**Wuchs:** bis 40 cm hoch, 20 cm breit; aufrecht; einjährig
**Blüte:** gelb; von Juli bis September
**Blätter:** grün, gefiedert
**Standort:** möglichst sonnig; attraktiv in Gemüsebeeten oder großen Töpfen auf dem Balkon; Boden sandig-humos
**Pflege:** regelmäßig gießen
**Ernte/Verwendung:** junge Triebspitzen den ganzen Sommer über; Dillsamen nach der Reife im September

## Garten-Kerbel
*Anthriscus cerefolium*

**Wuchs:** 40 bis 60 cm hoch, 60 bis 80 cm breit; buschig
**Blüte:** weiß; von Juni bis August
**Blätter:** mittelgrün, gefiedert
**Standort:** sonnig bis halbschattig; Boden durchlässig, mäßig trocken bis frisch
**Pflege:** gleichmäßig gießen, düngen; regelmäßige Folgesaaten ab März
**Ernte/Verwendung:** junge Triebe und Blätter (vor der Blüte) laufend; Suppen, Soßen, Salate

## Estragon
*Artemisia dracunculus*

**Wuchs:** 60 bis 120 cm hoch, 60 bis 80 cm breit; aufrecht buschig
**Blüte:** weißlich, von Juli bis August
**Blätter:** hell- bis mittelgrün, lanzettlich
**Standort:** sonnig; Boden durchlässig, mäßig feucht
**Pflege:** gleichmäßig gießen; Nährstoffbedarf mittel bis hoch; Rückschnitt im Herbst; frosthart
**Ernte/Verwendung:** Blätter für Fleisch, Gemüse, Suppen, Soßen, Salate, Essig, Senf

## Borretsch
*Borago officinalis*

**Wuchs:** 40 bis 60 cm hoch, 35 bis
50 cm breit; aufrecht, einjährig;
versamt sich leicht
**Blüte:** blau; von Juni bis September
**Blätter:** borstig behaart
**Standort:** sonnig bis halbschattig;
Boden durchlässig, mäßig trocken
bis frisch
**Pflege:** regelmäßig gießen; Nährstoff-
bedarf mittel bis hoch
**Ernte/Verwendung:** junge Blätter und
Blüten; für Fisch, Gemüse, Quark

## Tüpfel-Johanniskraut
*Hypericum perforatum*

**Wuchs:** 30 bis 90 cm hoch
**Blüte:** gelb; von Juni bis August
**Blätter:** mittelgrün bis bläulich
**Standort:** sonnig; Boden durchlässig,
trocken bis frisch
**Pflege:** bei anhaltender Trockenheit
hin und wieder gießen; Rückschnitt
im Herbst
**Ernte/Verwendung:** blühende Sprossspitzen ab Juni bis Juli; Tee wirkt
beruhigend und Blütenöl (rot) bei
rheumatischen Beschwerden

## Ysop
*Hyssopus officinalis*

**Wuchs:** 30 bis 60 cm hoch
**Blüte:** blauviolett, weiß; von Juli bis
August
**Blätter:** linealisch bis lanzettlich
**Standort:** sonnig; Boden durchlässig,
humos, mäßig trocken, kalkhaltig
**Pflege:** gleichmäßig gießen; Nähr-
stoffbedarf mittel; Rückschnitt im
Herbst; frosthart
**Ernte/Verwertung:** frisches Kraut bis
zur Blüte; altes Heil- und Gewürz-
kraut

## Liebstöckel, Maggikraut
*Levisticum officinale*

**Wuchs:** 1 bis 2 m hoch; aufrecht
buschig, horstbildend, stark ver-
zweigend; mehrjährig
**Blüte:** gelbgrün; von Juli bis August
**Blätter:** mittel- bis dunkelgrün
**Standort:** sonnig bis halbschattig;
Boden sandig-lehmig, frisch
**Pflege:** gleichmäßig gießen und dün-
gen; Rückschnitt im Herbst; ältere
Pflanzen stützen
**Ernte/Verwertung:** Blätter für Suppen,
Eintöpfe und Salate

## Zitronenmelisse
*Melissa officinalis*

**Wuchs:** 50 bis 80 cm hoch; aufrecht
buschig
**Blüte:** weiß; von Juni bis August
**Blätter:** oval, hell- bis mittelgrün
**Standort:** sonnig; Boden durchlässig,
mäßig trocken bis frisch
**Pflege:** gleichmäßig gießen und dün-
gen; Ruckschnitt nach der Blüte und
im Herbst
**Ernte/Verwertung:** Küchen-, Tee- und
Heilkraut; ideal für erfrischende
Teemischungen

## Pfefferminze
*Mentha × piperita*

**Wuchs:** 30 bis 60 cm hoch; aufrecht,
ausbreitend; mehrjährig
**Blüte:** rotviolett; Juli bis September
**Blätter:** mittel- bis hellgrün
**Standort:** sonnig; Boden sandig-
humos bis lehmig, leicht feucht
**Pflege:** gleichmäßig gießen; Nährstoffbedarf mittel bis hoch; Pflanzung im eingesenkten Topf
**Ernte/Verwertung:** junge Blätter laufend; zum Trocknen vor der Blüte
bodennah abschneiden; Teekraut

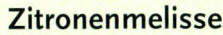

## Marokkanische Minze
*Mentha spicata var. crispa 'Marokko'*

**Wuchs:** 50 cm hoch; aufrecht bis breit wachsend; mehrjährig
**Blüte:** weiß; von Juli bis September
**Blätter:** mittel- bis dunkelgrün, oval bis lanzettlich
**Standort:** sonnig bis halbschattig; Boden sandig-humos bis sandig-lehmig, frisch bis feucht
**Pflege:** feucht halten; Nährstoffbedarf mittel bis hoch; frostempfindlich
**Ernte/Verwendung:** wie Pfefferminze; ideal für Töpfe

## Basilikum
*Ocimum basilicum*

**Wuchs:** 30 bis 60 cm; einjährig
**Blüte:** purpurrot bis weiß; von Juli bis September
**Blätter:** hell- bis sattgrün, ganzrandig oder gesägt
**Standort:** sonnig, geschützt; Boden durchlässig, frisch
**Pflege:** gleichmäßig gießen; Nährstoffbedarf mittel bis hoch
**Ernte/Verwertung:** Blätter, junge Triebspitzen laufend; Salate, Kräuterbutter, Pizza

## Gewöhnlicher Dost
*Origanum vulgare ssp. vulgare*

**Wuchs:** bis 60 cm hoch; buschig, horstbildend; mehrjährig
**Blüte:** hellviolett; von Juli bis September
**Blätter:** mittel- bis dunkelgrün
**Standort:** sonnig; Boden durchlässig bis sandig-lehmig; warm
**Pflege:** gleichmäßig gießen; Nährstoffbedarf mittel
**Ernte/Verwertung:** junge Blätter und Triebspitzen laufend, Blüten essbar; z. B. für Pizza, Fleischgerichte

## Petersilie
*Petroselinum crispum*

**Wuchs:** 25 bis 35 cm hoch; zweijährig
**Blüte:** gelbgrün, Juli/August
**Blätter:** gekraust oder rundlich
**Standort:** sonnig bis halbschattig; Boden fruchtbar, durchlässig, frisch bis feucht
**Pflege:** gleichmäßig gießen; Nährstoffbedarf mittel bis hoch; Standort Jahr für Jahr ändern
**Ernte/Verwertung:** äußere Blätter ab Frühjahr laufend; frisch verwenden; z. B. Salate, Quark

## Rosmarin
*Rosmarinus officinalis*

**Wuchs:** bis 150 cm hoch; buschig; mehrjährig; nicht forsthart
**Blüte:** hellviolett, blau oder weiß; von Mai bis Juni
**Blätter:** nadelförmig
**Standort:** sonnig, geschützt; Boden trocken, durchlässig bis sandig-kiesig
**Pflege:** wenig gießen und düngen; im Herbst Rückschnitt bis ins alte Holz; frostfrei überwintern
**Ernte/Verwertung:** Triebspitzen ab März, zum Trocknen vor der Blüte

## Garten-Sauerampfer
*Rumex acetosa*

**Wuchs:** 40 bis 80 cm hoch; straff aufrecht, horstbildend
**Blüte:** braunrot; von Mai bis Juli
**Blätter:** grasgrün, fleischig
**Standort:** sonnig bis halbschattig; Boden frisch bis feucht, (sandig-) humos, lehmig
**Pflege:** ausgeglichener bis hoher Wasser- und Nährstoffbedarf; im Winter abdecken
**Ernte/Verwertung:** Blätter ab Frühjahr; säuerlich schmeckendes Kraut

## Garten- Salbei
*Salvia officinalis*

**Wuchs:** 50 bis 70 cm hoch; aufrecht buschig; mehrjährig
**Blüte:** blauviolett; von Juni bis August
**Blätter:** länglich, wollig; je nach Sorte graugrün, zwei- oder dreifarbig
**Standort:** sonnig; Boden durchlässig bis sandig-lehmig, leicht kalkhaltig
**Pflege:** gleichmäßig gießen; Nährstoffbedarf mittel; in rauen Lagen Winterschutz
**Ernte/Verwertung:** junge Blätter; Heil-, Küchen- und Teekraut

## Muskateller-Salbei
*Salvia sclarea*

**Wuchs:** 40 bis 60 cm hoch; aufrecht buschig; mehrjährig
**Blüte:** hellviolett bis rosa und weiß; Juni/Juli; intensiv duftend
**Blätter:** graugrün, stark behaart
**Standort:** sonnig; Boden durchlässig bis sandig-lehmig, mäßig trocken bis frisch
**Pflege:** gleichmäßig gießen, düngen
**Ernte/Verwertung:** blühende Sprossspitzen; als Küchengewürz, für Tinkturen, Tees

## Sommer-Bohnenkraut
*Satureja hortensis 'Compactum'*

**Wuchs:** bis 20 cm hoch; aufrecht buschig; einjährig
**Blüte:** hellviolett; Juni bis August
**Blätter:** frischgrün; linealisch bis lanzettlich
**Standort:** sonnig; Boden durchlässig, mäßig trocken bis frisch
**Pflege:** gleichmäßig gießen; Nährstoffbedarf mittel; Entspitzen fördert buschigen Wuchs
**Ernte/Verwertung:** Blätter bis zur Blüte; für Bohnengerichte, Gemüse

## Berg-Bohnenkraut
*Satureja montana ssp. montana*

**Wuchs:** Halbstrauch; 20 bis 40 cm hoch; buschig bis breit
**Blüte:** weißlich violett bis hellviolett; von Juni bis August
**Blätter:** mittel- bis dunkelgrün, lanzettlich
**Standort:** sonnig; Boden durchlässig bis sandig-kiesig, mäßig trocken
**Pflege:** gleichmäßig gießen; wenig düngen; Rückschnitt im Frühjahr
**Ernte/Verwertung:** junge Triebe das ganze Jahr über; Bohnen, Fleisch

## Quendel, Feld-Thymian
*Thymus pulegioides*

**Wuchs:** 5 bis 20 cm hoch; polsterbildend, niederliegend bis kriechend
**Blüte:** violett; von Mai bis August
**Blätter:** eiförmig; aromatisch
**Standort:** sonnig; Boden trocken, durchlässig
**Pflege:** wenig gießen und düngen; regelmäßiger Rückschnitt
**Ernte/Verwertung:** blühendes Kraut; deftige Fleisch-, Kartoffelspeisen; Tee (Husten, Verdauungsstörungen)

## Garten-Thymian
*Thymus vulgaris*

**Wuchs:** 20 bis 30 cm hoch; kompakt und buschig; mehrjährig
**Blüte:** hell- bis purpurrosa; von Juli bis September
**Blätter:** graugrün, aromatisch
**Standort:** sonnig; Boden durchlässig bis sandig-klesig
**Pflege:** wenig gießen und düngen; leichter Rückschnitt im Frühjahr
**Ernte/Verwertung:** junge Triebe bis zur Blüte laufend; Heil-, Küchen-, Teekraut, Fleischgerichte

# Gesundes Gemüse

Sonnenwarme Tomaten, zarte Filetböhnchen, knackige Blattsalate – Gemüse aus eigener Ernte ist qualitativ nicht zu übertreffen. Vorausgesetzt, der Garten liegt nicht direkt an einer viel befahrenen Straße oder in einem Industriegebiet. Ist das der Fall, sollten Sie besser auf den Gemüseanbau verzichten, denn Schadstoffablagerungen, vor allem an Blattgemüse, lassen sich hier kaum vermeiden. Ansonsten aber gibt es keine Einschränkungen – außer vielleicht klimatische. In warmen Gegenden kann gepflanzt werden, was das Herz begehrt. Von Auberginen bis Zucchini wird es kaum Probleme geben.

## Ohne Sonne geht nichts

Ganz gleich in welcher klimatischen Lage, ein sonniges, lichtdurchflutetes Beet und gute Komposterde braucht es für den Gemüseanbau. Sehr schön lassen sich Gemüsepflanzen auch in den Ziergarten integrieren. Kletterbohnen am Spalier sind genauso eine Augenweide wie eine imposante Zucchini-Pflanze oder die bunten Stiele des Mangolds. Auch knackige Radieschen und Möhren aus eigener Ernte sind nicht zu überbieten.

## Zwiebeln
*Allium cepa*

**Standort:** sonnig; durchlässiger, humoser Gartenboden
**Auspflanzen:** Steckzwiebeln, je nach Lage, Ende Februar bis April und im August/September
**Abstände:** 25 bis 30 cm Reihenabstand, 5 bis 10 cm in der Reihe
**Pflege:** anfangs wässern, später nicht mehr; Winterzwiebeln abdecken
**Ernte:** Winterzwiebeln von April bis Juni; im Frühjahr gesteckte von Juli bis Oktober

## Winter-Lauch
*Allium porrum*

**Standort:** sonnig; humoser, nährstoffreicher Boden
**Aussaat/Auspflanzen:** Ende Mai aussäen; im Juli pflanzen
**Abstände:** 25 bis 30 cm Reihenabstand, 15 cm in der Reihe
**Pflege:** regelmäßig hacken, dabei die Stangen leicht anhäufeln; ein bis zwei Nachdüngungen sind notwendig; immer gut feucht halten
**Ernte:** nach Bedarf bzw. wenn der Boden nicht gefroren ist

## Knoblauch
*Allium sativum*

**Standort:** sonnig; durchlässiger, kompostreicher Boden
**Aussaat/Auspflanzen:** einzelne Zehen Ende Februar bis Anfang April ca. 3 cm tief in die Erde stecken; in Reihen und auch als Mischkultur
**Abstände:** 20 cm Reihenabstand; 10 bis 15 cm in der Reihe
**Pflege:** gleichmäßig gießen
**Ernte:** nach dem Abwelken der Blätter ab August den Knoblauch aus der Erde ziehen

## Meerrettich
*Armoracia rusticana*

**Standort:** sonnig; tiefgründiger, nährstoffreicher Boden
**Auspflanzen:** Fechser (fingerdicke Seitenwurzeln) im März/April oder Oktober/November schräg in die Erde setzen; mehrjährig
**Abstände:** 50 cm Reihenabstand, 60 cm in der Reihe
**Pflege:** anhäufeln, regelmäßig gießen, im Frühjahr und während der Kultur einmal düngen
**Ernte:** Herbst und Frühjahr

## Mangold
*Beta vulgaris* var. *vulgaris*

**Standort:** sonnig bis halbschattig; nährstoffreicher, humoser Boden
**Aussaat/Ausflanzen:** Mitte April bis Juni; Sämlinge auslichten
**Abstände:** 30 bis 40 cm Reihenabstand; in der Reihe 15 bis 20 cm (Schnitt-), 40 cm (Stielmangold)
**Pflege:** regelmäßig gießen, hacken; zweimal düngen
**Ernte:** äußere Blätter zwei (Schnittmangold) bzw. drei Monate (Stielmangold) nach der Aussaat

## Rote Bete
*Beta vulgaris* var. *conditiva*

**Standort:** sonnig bis halbschattig; humusreicher Boden
**Aussaat:** Ende April bis Ende Juni; dicht stehende Sämlinge vereinzeln
**Abstände:** 25 cm Reihenabstand; 10 bis 15 cm in der Reihe
**Pflege:** Beet locker halten; regelmäßig gießen; bei guter Komposterde keine Zusatzdüngung notwendig
**Ernte:** Juli bis Anfang Oktober; späte Ernten trocken, kühl und dunkel lagern

## Brokkoli
*Brassica oleracea* var. *italica*

**Standort:** vollsonnig; nahrhafte, lehmig-humose, kompostreiche Erde
**Aussaat:** Jungpflanzen (am besten Herbsternte) im Frühjahr kaufen und auspflanzen
**Abstände:** 50 bis 70 cm Reihen- und Pflanzabstand
**Pflege:** Beet gut feucht halten; regelmäßig hacken oder mulchen
**Ernte:** geschlossene Blütenknospen mit fingerlangem Stielstück abschneiden

## Paprika
*Capsicum annuum*

**Standort:** sonnig, windgeschützt; nährstoffreiche, lockere Erde
**Aussaat:** Aussaat im März/April unter Glas; Freilandanbau nur im Weinbauklima, sonst im Gewächshaus
**Abstände:** 60 cm Reihenabstand, 50 cm in der Reihe
**Pflege:** Stützstab; während der Vegetationszeit ein- bis zweimal düngen; regelmäßig gießen
**Ernte:** reife Paprika (gelb, orange, rot) ab Juli/August

## Endivie
*Cichorium endivia*

**Standort:** sonnig; lehmig, humoser Boden; keine Staunässe
**Aussaat:** Anfang Juli in Extra-Beet; nach 4 bis 5 Wochen Jungpflanzen versetzen
**Abstände:** 30 cm Reihenabstand, 25 bis 30 cm in der Reihe
**Pflege:** gut feucht halten; hoher Nährstoffbedarf
**Ernte:** bis Oktober/November; kühl im feuchten Sandbett, in Zeitungspapier eingeschlagen lagern

## Zichoriensalat, Zuckerhut
*Cichorium intybus* var. *foliosum*

**Standort:** sonnig; humusreiche Gartenerde
**Aussaat:** Mitte Juni bis Mitte Juli aussäen; Pflanzen später vereinzeln oder versetzen
**Abstände:** 25 bis 30 cm Reihen- und Pflanzabstand
**Pflege:** Beet ausreichend feucht halten, regelmäßig hacken; nur schwach düngen
**Ernte:** im Spätherbst; leichte Fröste werden vertragen; gut zu lagern

## Gurke
*Cucumus sativus*

**Standort:** sonnig, windgeschützt; nährstoff- und humusreicher Boden
**Aussaat/Auspflanzen:** Mitte April aussäen, warm und hell stellen; nach den Eisheiligen ins Freiland setzen
**Abstände:** Reihenabstand 100 bis 120 cm; 40 cm in der Reihe, am Spalier 50 cm
**Pflege:** regelmäßig gießen, düngen, hacken; bei Schlangengurken Seitentriebe einkürzen
**Ernte:** Juni bis Oktober

## Zucchini
*Cucurbita pepo var. giromontiina*

**Standort:** sonnig, geschützt; nährstoffreicher Boden
**Auspflanzen:** Jungpflanzen kaufen und nach den Eisheiligen pflanzen
**Abstände:** pro Pflanze mindestens 1 m²
**Pflege:** hoher Wasserbedarf; anfangs häufig hacken; während der Kultur mindestens zweimal nachdüngen
**Ernte:** regelmäßig von Juni bis Oktober, möglichst junge, bis 20 cm große Früchte

## Kürbis
*Cucurbita maxima*

**Standort:** sonnig, windgeschützt; nährstoff- und humusreicher Boden
**Aussaat/Auspflanzen:** Vorkultur Mitte April unter Glas; Mitte Mai auspflanzen
**Abstände:** pro Pflanze 3 m²
**Pflege:** regelmäßig und kräftig gießen; mehrmals düngen; erste Fruchtansätze und Triebspitzen entfernen, dann breitet sich die Pflanze weniger aus
**Ernte:** ab September bis Herbst

## Möhre, Karotte
*Daucus carota*

**Standort:** sonnig; lockerer, humus- und kompostreicher Boden
**Aussaat** ab Mitte März bis Juni in Reihen aussäen; auf Sorten achten
**Abstände:** Reihenabstand 15 bis 25 cm, in der Reihe 5 bis 8 cm
**Pflege:** falls zu dicht, ausdünnen; regelmäßig gießen; anhäufeln, damit sie nicht grün werden; mäßig düngen
**Ernte:** je nach Aussaat Juli bis Oktober; Herbsternten gut lagerbar

## Tomaten
*Lycopersicum esculentum*

**Standort:** vollsonnig; geschützt; kompostreiche Erde
**Aussaat/Auspflanzen:** bei großem Bedarf lohnt sich die Aussaat; Pflanzung Mitte Mai; tief setzen
**Abstände:** Reihenabstand 60 bis 70 cm, in der Reihe 50 bis 60 cm
**Pflege:** Stützstab erforderlich; Geiztriebe regelmäßig entfernen; regelmäßig im Bodenbereich gießen; zweimal nachdüngen
**Ernte:** Juli bis Oktober

## Buschbohnen
*Phaseolus vulgaris var. nanus*

**Standort:** sonnig, warm
**Aussaat:** ab Mai ins Freiland säen, Folienabdeckung sinnvoll; für Herbsternte zweite Aussaat im Juli
**Abstände:** Reihenabstand 40 cm; in der Reihe 4 bis 8 cm
**Pflege:** hacken; Pflanzen leicht anhäufeln für einen guten Stand; zunächst sparsam, mit Blühbeginn regelmäßig gießen
**Ernte:** Ende Juni bis September; möglichst klein ernten

## Stangenbohnen
*Phaseolus vulgaris var. vulgaris*

**Standort:** sonnig
**Aussaat:** Mitte Mai bis Mitte Juni;
8 bis 10 Samen um Stange auslegen
**Abstände:** Reihenabstand 80 bis
100 cm; 50 cm in der Reihe
**Pflege:** Triebe zur Stange/Kletterhilfe
leiten, anbinden; regelmäßig
hacken; sobald sich Früchte bilden;
regelmäßig, bei großer Hitze kräftig
gießen
**Ernte:** ab August laufend durch-
pflücken

## Erbsen
*Pisum sativum*

**Standort:** sonnig, Boden durchlässig,
kompostreich
**Aussaat:** Markerbsen ab Mitte April
**Abstände:** Reihenabstand 40 cm, in
der Reihe 5 cm
**Pflege:** Erbsen mit Reisig stützen oder
an Maschendraht hochranken las-
sen; sind die Pflanzen 15 cm hoch,
leicht anhäufeln und regelmäßig
gießen; es gibt Sorten, die ohne
Kletterhilfe auskommen
**Ernte:** möglichst jung, ab Mitte Juni

## Radieschen
*Raphanus sativus*

**Standort:** sonnig; gut durchlässiger
Kompostboden
**Aussaat:** ab März (bis September)
direkt in flache Rillen ins Freiland;
am besten ca. alle drei Wochen neu
**Abstände:** Reihenabstand 15 bis
20 cm, in der Reihe 5 cm
**Pflege:** Trockenheit wird nicht vertra-
gen, deshalb auf gleichmäßige
Bodenfeuchtigkeit achten; frühe
Saaten mit Folie abdecken
**Ernte:** Ende April bis Oktober

## Aubergine
*Solanum melongena*

**Standort:** vollsonnig, geschützt
**Aussaat/Auspflanzen:** bei großem
Bedarf Anfang März unter Glas aus-
säen; sonst Jungpflanzen kaufen
und Mitte Mai ins Beet/große Kübel
pflanzen
**Abstände:** Reihenabstand 60 cm, in
der Reihe 80 cm
**Pflege:** regelmäßig gießen; sperrige
Triebe abschneiden; ab August neue
Blüten ausknipsen
**Ernte:** Sommer bis Herbst

## Kartoffel
*Solanum tuberosum*

**Standort:** vollsonnig; sandig-humoser
Boden
**Aussaat/Auspflanzen:** ab April
**Abstände:** Reihenabstand 30 bis
50 cm, in der Reihe 30 bis 35 cm
**Pflege:** zeigen sich die ersten Triebe,
regelmäßig hacken; dabei anhäu-
feln (Kartoffeln dürfen nicht aus der
Erde schauen); bei Trockenheit
regelmäßig wässern; auf Kartoffel-
käfer achten (absammeln)
**Ernte:** ab Juli bis Oktober

## Spinat
*Spinacia oleracea*

**Standort:** sonnig; Boden humusreich
(Kompostgabe)
**Aussaat:** März bis Mai sowie Mitte
August bis September ins Freiland
**Abstände:** Reihenabstand 20 bis
30 cm, in der Reihe 5 cm
**Pflege:** Boden locker halten; bei Tro-
ckenheit regelmäßig wässern, sonst
beginnt Spinat zu blühen und wird
ungenießbar
**Ernte:** April bis Juni und Oktober,
sobald Blätter ca. 20 cm hoch sind

# Obst aus dem Garten

Ganz gleich, wie klein oder groß der Garten ist, für Obst findet sich überall ein Plätzchen. Denn wer nascht nicht gerne süße Früchte?

Ob Apfelbaum oder Zwetsche, Birne oder Himbeere, das Wichtigste ist, dass Sie robuste, widerstandsfähige Sorten pflanzen. Wird bei der Pflanzenauswahl nicht auf diese Kriterien geachtet, bedeutet das häufiges Spritzen und somit auch höhere Geldausgaben. Viele Beerenobstarten, wie zum Beispiel Weintrauben, sind äußerst pilzanfällig. Bei Befall bedeutet das sechs bis zehn Spritzungen während der Sai

son. Die Entscheidung sollte deshalb immer auf resistente Sorten fallen. Am besten suchen Sie sich eine Markenbaumschule in ihrer Nähe, dort werden Sie gut beraten und bekommen Qualitätspflanzen.

## Gestaltungsmöglichkeiten

Obst lässt sich vielfältig in das Gartenbild integrieren. Wie wäre es zum Beispiel mit einem Stachelbeer- oder Johannisbeer-Bäumchen in der Mitte eines Blumenbeetes? Mit einer Weinlaube, einem Kirschbaum am Rande des Rasens oder einer Brombeerhecke am Gartenhäuschen?

### Erdbeere
*Fragaria × ananassa*

**Wuchs:** kompakt, Ausläufer bildend; 15 bis 25 cm hoch, 30 cm breit
**Standort:** sonnig bis halbschattig; kompostreiche, durchlässige Erde im Beet oder Kübel
**Pflanzzeit:** Mitte Juli
**Pflege:** regelmäßig gießen und hacken; Pflanzen mit Stroh unterlegen zum Schutz der Früchte
**Blüte:** weiß; von April bis Juni
**Ernte:** Juni, öfter tragende Sorten bis Oktober

### Apfel
*Malus domestica*

**Wuchs:** baum- oder spindelförmig; Größe je nach Unterlage und Schnitt
**Standort:** sonnig; durchlässiger Boden
**Pflanzzeit:** Oktober/November
**Pflege:** hin und wieder kräftig wässern; Baumscheibe mulchen; Befruchtersorte in der Nachbarschaft nötig; sachgerechter Schnitt erforderlich
**Blüte:** weiß bis rosa; April/Mai
**Ernte:** ab August, sortenabhängig

### Sauerkirsche
*Prunus cerasus*

**Wuchs:** mit 2 bis 4 m Höhe und 2 bis 3 m Breite relativ klein
**Standort:** sonnig bis halbschattig; durchlässiger, frischer bis trockener Boden; Trockenheit wird gut vertragen
**Pflanzzeit:** Oktober/November
**Pflege:** Baumscheibe mulchen; es gibt selbstfruchtbare Sorten; sachgerechter Schnitt
**Blüte:** weiß; April bis Mai
**Ernte:** Juni bis Juli

### Pflaume, Zwetsche, Reneklode
*Prunus domestica*

**Wuchs:** baum- und kegelförmig; bleibt mit 4 bis 5 m relativ klein
**Standort:** sonnig; humusreicher, feuchter bis halbtrockener Boden
**Pflanzzeit:** Oktober/November
**Pflege:** Baumscheibe mulchen; bei extremer Trockenheit wässern; sachgerechter Schnitt erforderlich; viele Sorten selbstfruchtbar
**Blüte:** weiß; April
**Ernte:** Ende Juli bis September

## Birne
*Pyrus communis*

**Wuchs:** baum- oder kegelförmig; kann am Spalier gezogen werden; mindestens 3 m hoch und 1,5 m breit
**Standort:** sonnig; durchlässiger, frisch-feuchter Boden
**Pflanzzeit:** Oktober/November
**Pflege:** Baumscheibe mulchen; sachgerechter Schnitt erforderlich; Befruchtersorte notwendig
**Blüte:** weiß; April/Mai
**Ernte:** sortenabhängig von August bis Oktober

## Rote Johannisbeere
*Ribes rubrum*

**Wuchs:** strauchförmig oder als Hochstämmchen
**Standort:** sonnig bis halbschattig; durchlässiger, humoser Boden
**Pflanzzeit:** Oktober/November; Februar/März an frostfreien Tagen
**Pflege:** ideales Obst für Anfänger; Rückschnitt im Winter; im Herbst sowie nach dem Austrieb im Frühjahr Komposterde ausbringen
**Blüte:** hellgrün; April/Mai
**Ernte:** Ende Juni/Juli

## Himbeere
*Rubus idaeus*

**Wuchs:** aufrecht, strauchartig; 1 bis 2 m hoch, 40 bis 60 cm breit
**Standort:** sonnig bis halbschattig; humoser, sandig-lehmiger Boden
**Pflanzzeit:** Herbst oder Frühjahr
**Pflege:** Gerüst zum Anbinden der Ruten erforderlich; regelmäßig düngen und gießen; unkrautfrei halten
**Blüte:** weiß bis cremefarben; von Mai bis September
**Ernte:** je nach Sorte von Ende Juni bis in den Herbst

## Brombeere
*Rubus fruticosus*

**Wuchs:** in der Regel rankend oder strauchig; 2 bis 4 m hoch
**Standort:** sonnig bis halbschattig; durchlässiger, humoser Boden
**Pflanzzeit:** Spätherbst oder Frühjahr
**Pflege:** bei anhaltender Trockenheit hin und wieder wässern; Kletterstab oder Spalier als Rankhilfe geben; es gibt Sorten mit und ohne Stacheln
**Blüte:** weiß, cremefarben bis rosa; Mai bis August
**Ernte:** ab August

## Kultur-Heidelbeere
*Vaccinium corymbosum*

**Wuchs:** strauchförmig; 1 bis 3 m hoch, 1,50 m breit
**Standort:** sonnig; sandig-humoser, saurer Boden
**Pflanzzeit:** Frühjahr, Herbst
**Pflege:** regelmäßig gießen, hacken; Vogelschutznetz überwerfen
**Blüte:** weiß bis rosa, ab Mai bis Juli
**Ernte:** sortenabhängig Juli bis September (empfehlenswerte Sorte 'Bluecrop', fruchtet mittelspät und bringt hohe Erträge)

## Tafeltraube
*Vitis vinifera*

**Wuchs:** rankend, Kletterhilfe nötig
**Standort:** vollsonnig; durchlässiger, halbtrockener Boden
**Pflege** Spalier oder Pergola zum Leiten der Triebe; Erziehungsschnitt erforderlich; Jungpflanzen regelmäßig gießen und düngen; resistente Sorten bevorzugen, die nicht gespritzt werden müssen, das erleichtert die Kultur
**Blüte:** unscheinbar im Mai/Juni
**Ernte:** ab Ende August

# Topfpflanzen für Balkon und Terrasse

Eigentlich sollte man meinen, wer einen Garten hat, pflanzt oder sät seine grünen Lieblinge in Beete aus. Aber weit gefehlt – an Topfpflanzen kommt kaum einer vorbei, denn sie haben auch einiges zu bieten: Mit pflegeleichten Geranien, Petunien oder Fuchsien lassen sich zum Beispiel unschöne Gartenecken prima kaschieren oder lückige Beetbepflanzungen füllen. Klassische Kübelpflanzen, wie Oleander, Engelstrompete oder Bleiwurz schmücken die Sitzecke und verleihen gleichzeitig Urlaubserinnerungen wieder Lebendigkeit. Bepflanzte Gefäße sind auch deshalb nicht wegzudenken,

weil wärmeliebende, nicht winterharte Kübelpflanzen wie Palmen, Schönmalve, Oleander oder der bezaubernde Roseneibisch ausgepflanzt im Garten überhaupt keine Chance hätten zu überleben. Es gibt nur ganz wenige Kübelpflanzen, die dem Winter trotzen, die meisten brauchen ein frostfreies Quartier. Spätestens nach den Eisheiligen Mitte Mai erreicht die Pflanzen-Saison ihren Höhepunkt, nutzen Sie die unendlich vielen Gestaltungsmöglichkeiten nach Herzenslust! Vergessen Sie auch den Hauseingang nicht, hier machen sich Ampelpflanzen gut.

## Schönmalve
*Abutilon × hybridum*

**Wuchs:** buschig, aufrecht; 1,5 bis 2 m hoch, 1 bis 1,5 m breit
**Blüte:** gelb, orange, rosa, rot, weiß, becherförmig; von Mai bis Ende September
**Standort:** sonnig; geschützt
**Pflege:** regelmäßig gießen (Ballentrockenheit vermeiden); mittlerer bis hoher Düngebedarf; Verblühtes entfernen; Rückschnitt im Sommer
**Überwinterung:** bei 10 °C an hellem Standort

## Schmucklilie
*Agapanthus*-Hybriden

**Wuchs:** aufrecht, horstbildend; 50 bis 70 cm hoch, etwa 50 cm breit
**Blüte:** blass- bis dunkelblau, trompetenförmig; von Juni bis August
**Standort:** sonnig
**Pflege:** regelmäßig gießen; hoher Düngebedarf (mindestens alle 14 Tage düngen)
**Überwinterung:** bei mindestens 3 °C; steht die Pflanze dunkel, zieht sie vollständig ein, so dass sich die Blüte im kommenden Jahr verzögert

## Strauchmargerite
*Argyranthemum frutescens (syn. Chrysanthemum frutescens)*

**Wuchs:** 30 bis 70 cm hoch und breit; buschig bis halbrund, Stämmchen
**Blüte:** gelb, weiß, rosa; von Mai bis September
**Standort:** vollsonnig
**Pflege:** regelmäßig gießen; 14-tägig düngen oder Langzeitdünger einsetzen; Entspitzen fördert buschigen Wuchs; Verblühtes entfernen
**Überwinterung:** an einem hellen Platz, bei mindestens 3 bis 5 °C

## Goldtaler, Dukatenblume, Strandstern
*Asteriscus maritimus*

**Wuchs:** 15 bis 20 cm hoch, 40 cm breit; kompakt buschig
**Blüte:** goldgelb, strahlenförmig; von Mai bis Oktober
**Standort:** sonnig
**Pflege:** regelmäßig gießen und düngen; Verblühtes entfernen; frühzeitiges Entspitzen sorgt für kompakteren und buschigeren Wuchs; bedingt frosthart
**Überwinterung:** hell und kühl im Haus

## Begonie
*Begonia-Cultivars*

**Wuchs:** 20 bis 60 cm, je nach Sorte
**Blüte:** gelb, orange, rosa, rot, weiß, auch zweifarbig; einfach bis gefüllt; von Mai bis Oktober
**Standort:** sonnig, mit Schutz vor direkter Sonneneinstrahlung, sonst kommt es zu Verbrennungen
**Pflege:** 14-tägig düngen; regelmäßig gießen, aber Staunässe vermeiden; Verblühtes entfernen
**Überwinterung:** hell, bei mindestens 10 °C

## Maßliebchen, Tausendschön
*Bellis perennis*

**Wuchs:** 10 bis 20 cm hoch und breit
**Blüte:** weiß, rosa, rot; von März bis September; einfach und gefüllt
**Standort:** sonnig bis halbschattig; durchlässiger, kompostreicher Boden
**Pflege:** mittlerer Wasser- und Nährstoffbedarf; verblühte Pflanzenteile entfernen, um die Blütezeit zu verlängern
**Überwinterung:** wächst einjährig

## Goldzweizahn, Goldmarie
*Bidens ferulifolia*

**Wuchs:** 25 bis 35 cm hoch; Abstand zur nächsten Pflanze 25 cm
**Blüte:** goldgelb, von Mai bis Oktober
**Standort:** vollsonnig bis halbschattig; durchlässige Kompost- oder Einheitserde; sehr gut geeignet für Ampel- und Kastenbepflanzung
**Pflege:** regelmäßig gießen, 14-tägig düngen; frühzeitiges Entspitzen fördert buschiges Wachstum; Verblühtes entfernen
**Überwinterung:** wächst einjährig

## Blaues Gänseblümchen
*Brachyscome iberidifolia*

**Wuchs:** 30 bis 40 cm hoch; kompakt buschig, leicht überhängend, ideal für Ampelpflanzung
**Blüte:** blau, hellviolett, weiß, rosa; strahlenförmig; von Mai bis September
**Standort:** sonnig; durchlässige Komposterde
**Pflege:** hoher Düngebedarf, regelmäßig gießen, Staunässe vermeiden; Verblühtes entfernen
**Überwinterung:** wächst einjährig

## Engelstrompete
*Brugmansia suaveolens (syn. Datura)*

**Wuchs:** 1,50 m bis 2 m hoch, 1 bis 2 m breit
**Blüte:** gelb, rosa, weiß trompetenförmig; duftend; von Juni bis September
**Standort:** sonnig; gut gedüngte Erde
**Pflege:** häufig, viel gießen; hoher Düngebedarf; regelmäßig ausputzen
**Überwinterung:** hell, bei 5 bis 7 °C; zuvor Haupttrieb um mindestens die Hälfte zurückschneiden; gesamte Pflanze giftig

## Pantoffelblume
*Calceolaria integrifolia*

**Wuchs:** Halbstrauch; 20 bis 50 cm hoch und breit; aufrecht und überhängend
**Blüte:** gelb bis bronzefarben; Mai bis September
**Standort:** sonnig bis halbschattig; vor Wind geschützt
**Pflege:** regelmäßig gießen und düngen; Blütezeit durch Entfernen verblühter Triebe verlängern
**Überwinterung:** hell, bei 7 bis 11 °C; wird meist einjährig gehalten

## Zauberglöckchen, Superbells®
*Calibrachoa*

**Wuchs:** 30 bis 50 cm hoch; buschig, rund, leicht überhängend
**Blüte:** rot, indigoblau, weiß, magenta, pink, auch zweifarbig; von Mai bis Oktober
**Standort:** sonnig bis halbschattig; gute Balkonerde
**Pflege:** Verblühtes wöchentlich entfernen; 14-tägig düngen; regelmäßig gießen, Staunässe vermeiden
**Überwinterung:** wächst einjährig

## Besenheide
*Calluna vulgaris*

**Wuchs:** 20 bis 60 cm hoch; aufrecht und buschig; Blätter verfärben sich im Winter häufig purpurfarben
**Blüte:** rot, violett, rosa und weiß, glockenförmig; von September bis in den Winter
**Standort:** sonnig bis halbschattig; saure, nährstoffarme Erde; im Pflanzgefäß oder Beet
**Pflege:** verblühte Rispen im Frühjahr zurückschneiden; düngen
**Überwinterung:** im Freien

## Zigarettenblümchen
*Cuphea llavea*

**Wuchs:** 30 bis 100 cm hoch; kompakt, strauchförmig
**Blüte:** rot, Mai bis September
**Standort:** sonnig bis halbschattig; in normaler Blumenerde
**Pflege:** frühzeitiges Entspitzen fördert buschigen Wuchs; regelmäßig düngen; geringer Wasserbedarf; im Herbst nach der Blüte knapp bis ins alte Holz zurückschneiden
**Überwinterung:** hell, bei mindestens 10 °C

## Goldlack
*Erysimum cheiri (syn. Cheiranthus cheiri)*

**Wuchs:** 30 bis 80 cm; aufrecht und sparrig
**Blüte:** gelborange; von April bis Juni; stark duftend
**Standort:** vollsonnig; durchlässige Einheitserde; auch im Beet
**Pflege:** Rückschnitt nach der Blüte verhindert sparrigen Wuchs; schwach düngen; bei Trockenheit gießen; Blütezeit durch mehrmaliges Aussäen verlängern
**Überwinterung:** wächst einjährig

## Kapaster
*Felicia amelloides*

**Wuchs:** 20 bis 50 cm; rundlich, aufrecht buschig; auch als Hochstämmchen
**Blüte:** blau mit gelber Mitte, strahlenförmig; von Mai bis Oktober
**Standort:** sonnig; gute, durchlässige Komposterde
**Pflege:** regelmäßig gießen; 14-tägig düngen; verblühte Triebe abschneiden; Haupttriebe entspitzen
**Überwinterung:** hell, bei mindestens 10 °C; trocken

## Fuchsie
*Fuchsia-Hybriden*

**Wuchs:** 20 bis 40 cm hoch, 30 bis 60 cm breit; aufrecht oder hängend
**Blüte:** rosa, rot, violett, weiß; einfach bis gefüllt; von Mai bis Oktober
**Standort:** sonnig bis halbschattig; windgeschützt; Boden humos, durchlässig
**Pflege:** regelmäßig gießen; bis August wöchentlich düngen; Verblühtes entfernen; Rückschnitt vor dem Einwintern
**Überwinterung:** hell, bei 5 bis 7 °C

## Silber-Strohblume, Gnaphalium
*Helichrysum petiolare*

**Wuchs:** 30 bis 50 cm; buschig; Strukturpflanze
**Blüte:** weiß; unscheinbare Blütenköpfchen; von August bis September
**Standort:** sonnig bis halbschattig; durchlässige Komposterde
**Pflege:** wöchentlich düngen; sparsam gießen; große Pflanzen bei sparrigem Wuchs in Form schneiden
**Überwinterung:** wird meist einjährig gehalten

## Vanilleblume
*Heliotropium arborescens*

**Wuchs:** 30 bis 120 cm; kompakt, buschig, auch als Hochstamm
**Blüte:** violett, verschiedene Blautöne, weiß; von Mai bis Oktober; Vanilleduft
**Standort:** sonnig bis halbschattig, wind- und regengeschützt; in normaler Blumenerde
**Pflege:** Staunässe und Trockenheit unbedingt vermeiden; regelmäßig düngen
**Überwinterung:** hell, bei 10 °C

## Chinesischer Roseneibisch
*Hibiscus-Rosa-Sinensis-Hybriden*

**Wuchs:** 1 bis 2 m hoch; ausladend
**Blüte:** gelb, orange, weiß, karminrot; bei ausreichend Licht ganzjährig
**Standort:** sonnig bis halbschattig; gute Blumenerde; im großen Kübel
**Pflege:** an heißen Tagen kräftig gießen; bis Mitte August monatlich düngen; im Frühjahr in Form schneiden
**Überwinterung:** hell, bei mindestens 10 bis 13 °C; kann auch im Zimmer gehalten werden

## Fleißiges Lieschen
*Impatiens-Hybriden*

**Wuchs:** 20 bis 40 cm; aufrecht, buschig
**Blüte:** weiß, rot, orange, rosa, purpur, violett; einfach und gefüllt; von Mai bis Oktober
**Standort:** sonnig, halbschattig; regengeschützt; auch im Beet; blüht auch im Zimmer, wenn es hell genug ist
**Pflege:** 14-tägig schwach düngen; gut feucht halten; Staunässe oder Ballentrockenheit vermeiden; Verblühtes entfernen
**Überwinterung:** hell, bei 10 bis 14 °C

## Wandelröschen
*Lantana camara*

**Wuchs:** 0,30 m bis 1 m hoch; aufrecht buschig, auch als Hochstamm
**Blüte:** gelb, lachsrot, purpur, rot, weiß; Mai bis Oktober; Farben verändern sich beim Verblühen
**Standort:** sonnig
**Pflege:** regelmäßig gießen; viel düngen; mehrmals entspitzen; im Frühjahr umtopfen und zurückschneiden
**Überwinterung:** hell, bei 5 bis 10 °C; gesamte Pflanze giftig

## Männertreu
*Lobelia erinus*

**Wuchs:** 15 bis 25 cm; stehend, am Topfrand leicht überhängend; idealer Lückenfüller
**Blüte:** blau, rosa, violett, weiß; von Mai bis Oktober
**Standort:** sonnig bis halbschattig; auch im Beet
**Pflege:** regelmäßig gießen; ab Mitte Juni 14-tägig düngen, kompakter Wuchs durch frühzeitiges Stutzen; Verblühtes entfernen
**Überwinterung:** wächst einjährig

## Enzianstrauch, Blauer Kartoffelstrauch
*Lycianthes rantonnetii*

**Wuchs:** 1 bis 2 m hoch, aufrecht bis breit ausladend
**Blüte:** violettblau; von Juni bis September
**Standort:** sonnig bis halbschattig; windgeschützt; durchlässige Erde
**Pflege:** regelmäßig gießen und düngen; Rückschnitt im zeitigen Frühjahr oder vor dem Einwintern
**Überwinterung:** hell, bei 10°C oder dunkel, bei 5°C

## Gauklerblume
*Mimulus*-Hybriden (Bild: *M. aurantiaca*)

**Wuchs:** 50 bis 80 cm; kompakt
**Blüte:** gelb, aprikot, orange, rot; teilweise gefleckt und gesprenkelt; von Juni bis September
**Standort:** sonnig bis halbschattig, geschützt; normale Balkonerde
**Pflege:** regelmäßig gießen; den Sommer über 14-tägig düngen; Verblühtes regelmäßig entfernen, um Blütezeit zu verlängern; vor Schnecken schützen
**Überwinterung:** wächst einjährig

## Elfenspiegel
*Nemesia fruticans*

**Wuchs:** 30 bis 50 cm; niederliegende Triebe, ideal für Ampeln oder zur Unterpflanzung
**Blüte:** weiß, blau- und blassviolett, rosa, rotweiß; von Mai bis Oktober
**Standort:** vollsonnig bis halbschattig; durchlässige, kompostreiche Erde
**Pflege:** regelmäßig gießen, 14-tägig düngen; frühes Stutzen begünstigt den Wuchs; Rückschnitt bei Samenansatz im Sommer
**Überwinterung:** wächst einjährig

## Oleander
*Nerium oleander*

**Wuchs:** 1,50 bis 4 m hoch; strauchartig
**Blüte:** weiß, apricot, blassgelb, rot; einfach bis gefüllt; von Juni bis September
**Standort:** vollsonnig und warm
**Pflege:** gleichmäßig gießen; wöchentlich Flüssigdünger geben; zu lange Triebe im Frühjahr entfernen
**Überwinterung:** hell und luftig, bei 5 bis 10°C; Vorsicht: gesamte Pflanze ist giftig

## Ziertabak
*Nicotiana × sanderae*

**Wuchs:** 40 bis 50 cm, aufrecht
**Blüte:** gelb, rosa, rot, violett, hellgrün; von Juni bis Oktober; abends zart duftend
**Standort:** vollsonnig bis halbschattig; gewöhnliche Balkonerde
**Pflege:** regelmäßig gießen (auf gleichmäßige Bodenfeuchtigkeit achten); wöchentlich düngen; Verblühtes ständig entfernen, um Blühpausen zu vermeiden
**Überwinterung:** wächst einjährig

## Becherblume, Nierembergie
*Nierembergia hippomanica*

**Wuchs:** 15 bis 20 cm hoch; kompakt aufrecht bis buschig
**Blüte:** lavendelblau; von Juni bis September
**Standort:** sonnig bis halbschattig; frisch bis feuchte, wasserdurchlässige, mit Sand versetzte Erde
**Pflege:** regelmäßig gießen; monatlich düngen
**Überwinterung:** in milden Regionen mit Winterschutz im Freien

## Olive, Ölbaum
*Olea europaea*

**Wuchs:** im Kübel etwa 2 m hoch
**Blüte:** gelblich weiß, im Mai
**Blätter:** länglich, graugrün, unterseits silbrig grün
**Standort:** vollsonnig, warm; durchlässiger Boden
**Pflege:** im Sommer regelmäßig gießen (keine Staunässe!) und düngen; Sommerschnitt möglich; selbstfruchtbare Sorten ('Itrana', 'Frantoio') bevorzugen
**Überwinterung:** hell, bei 5 bis 10 °C

## Kapkörbchen
*Osteospermum ecklonis*

**Wuchs:** 20 bis 50 cm hoch; kompakt
**Blüte:** weiß, hellrosa bis dunkelviolett; Strahlenblüten; von Mai bis Oktober
**Standort:** sonnig bis halbschattig; geschützt; durchlässige Balkonpflanzenerde; beim Pflanzen Abstand lassen
**Pflege:** regelmäßig gießen; wöchentlich mäßig düngen; Verblühtes entfernen
**Überwinterung:** wächst einjährig

## Geranie, Perlargonie
*Pelargonium*-Hybriden

**Wuchs:** 25 bis 40 cm hoch; aufrecht (*P.-Zonale*-Hybriden) oder hängend (*P.-Peltatum*-Hybriden) mit langen Trieben
**Blüte:** weiß, rot, rosa, purpur, violett; einfach, gefüllt; Mai bis Oktober
**Standort:** sonnig (besser) bis halbschattig; Balkonerde
**Pflege:** regelmäßig gießen und düngen; Nässe vermeiden; Verblühtes entfernen
**Überwinterung:** bei 5 bis 10 °C

## Cinerarie, Aschenblume
*Pericallis × hybrida*

**Wuchs:** 25 bis 50 cm hoch; kompakt
**Blüte:** rosa, rot, blau, weiß, kupfer; auch zweifarbig; von März bis Juni
**Standort:** sonnig, mit Schutz vor starker Mittagssonne; anhaltender Regen wird nicht gut vertragen; durchlässige Balkonerde
**Pflege:** mäßig gießen (Nässe wird nicht vertragen); 14-tägig düngen; regelmäßig ausputzen begünstigt Blütenbildung
**Überwinterung:** wächst einjährig

## Hänge-Petunie
*Petunia atkinsiana*

**Wuchs:** aufrecht oder hängend (*Surfinia*-Hybriden bilden über 1 m lange Triebe)
**Blüte:** weiß, rosa, violett, rot, blau; gefüllt und ungefüllt; Mai bis Oktober
**Standort:** sonnig (kompakter, blütenreicher) bis halbschattig; gedüngte Balkonerde
**Pflege:** regelmäßig gießen; wöchentlich düngen; Verblühtes entfernen
**Überwinterung:** wächst einjährig

## Weihrauch, Harfenstrauch
*Plectranthus forsteri*

**Wuchs:** hängende Strukturpflanze; breit ausladend
**Blüte:** blassrosa bis malvenfarbig; von Mai bis Oktober
**Standort:** sonnig bis halbschattig; durchlässige, feuchte Balkonpflanzenerde
**Pflege:** regelmäßig wässern, monatlich düngen; falls sie zu üppig wächst, kann man sie zurückschneiden
**Überwinterung:** wächst einjährig

## Bleiwurz
*Plumbago auriculata*

**Wuchs:** 1,50 bis 2 m hoch; strauch-
förmig bis klimmend, breit ausla-
dend, stark verzweigt; von Jahr zu
Jahr schöner
**Blüte:** himmelblau, weiß; von Juni bis
September
**Standort:** sonnig; möglichst wind- und
regengeschützt; durchlässige Erde
**Pflege:** regelmäßig gießen; 14-tägig
düngen; Verblühtes entfernen;
Rückschnitt am besten im Januar
**Überwinterung:** hell, bei 3 bis 8 °C

## Granatapfel
*Punica granatum*

**Wuchs:** 1,50 bis 3 m hoch; dicht verzweigt, aufrecht, strauchförmig;
orangebraune Früchte nur in Wein-
baugebieten
**Blüte:** orangerot; von Juni bis
August/September
**Standort:** vollsonnig und warm; im
großen Kübel
**Pflege:** regelmäßig gießen und düngen; Rückschnitt im Spätwinter
**Überwinterung:** halbhell oder dunkel,
bei 5 bis 10 °C; verliert Blätter

## Husarenknopf
*Sanvitalia procumbens*

**Wuchs:** bis 20 cm; überhängend, stark
verzweigt und blütenreich
**Blüte:** leuchtend gelb, von Mai bis
Oktober
**Standort:** sonnig; durchlässige,
sandige Erde
**Pflege:** mit Fingerspitzengefühl gießen, denn Trockenheit wird besser
vertragen als Nässe; 14-tägig düngen; frühzeitig stutzen; Verblühtes
regelmäßig entfernen
**Überwinterung:** wächst einjährig

## Fächerblume
*Scaevola saligna*

**Wuchs:** 30 bis 50 cm hoch und breit;
aufrecht buschig bis leicht überhängend
**Blüte:** violettblau; Mai bis Oktober
**Standort:** sonnig bis halbschattig;
durchlässige Erde
**Pflege:** frühzeitig Triebe entspitzen;
regelmäßig gießen (keine Staunässe); wöchentlich düngen; Verblühtes entfernen
**Überwinterung:** bei 5 bis 7 °C möglich;
meist einjährig gehalten

## Gewürzrinde
*Senna corymbosa (syn. Cassia corymbosa)*

**Wuchs:** 1,50 bis 3 m hoch; strauch-
förmig, breit ausladend; auch als
Hochstämmchen
**Blüte:** goldgelb; von Mai bis Sep-
tember
**Standort:** sonnig; in durchlässiger
Erde in großem, stabilem Kübel
**Pflege:** gleichmäßig gießen; 14-tägig
düngen; im zeitigen Frühjahr in
Form schneiden; Samenstände
abknipsen
**Überwinterung:** hell, bei 5 bis 10 °C

## Buntnessel, Coleus
*Solenostemon scutellarioides*

**Wuchs:** 40 bis 60 cm
**Blüte:** weiß, violett; von Juni bis
August
**Blätter:** Nuancen von Glutrot,
Schwarz, Karminrot, Rostbraun bis
mehrfarbig gescheckt
**Standort:** halbschattig
**Pflege:** regelmäßig gießen; 14-tägig
düngen; entspitzen und Blüten
entfernen, dann werden die Blätter
noch schöner
**Überwinterung:** hell, bei 10 °C

## Schneeflockenblume
*Sutera diffusus*

**Wuchs:** 15 bis 25 cm; stark verzweigt und hängend
**Blüte:** weiß, blassrosa und blassblau; von Juni bis September.
**Standort:** vollsonnig bis halbschattig (je mehr Licht, umso größer die Blütenfülle); gut gedüngte, durchlässige Erde
**Pflege:** gleichmäßig gießen; 14-tägig düngen, Blüten sind relativ regenfest
**Überwinterung:** wächst einjährig

## Gelbes Gänseblümchen
*Thymophylla tenuiloba*

**Wuchs:** aufrecht buschig; 20 bis 30 cm hoch und breit
**Blüte:** hellgelb bis leuchtend gelb; von Mai bis Juli
**Standort:** sonnig; durchlässige, humose Erde
**Pflege:** regelmäßig gießen und regelmäßig bis häufig düngen; regelmäßig verblühte Sprossspitzen entfernen, um die Blütezeit zu verlängern
**Überwinterung:** wächst einjährig

## Prinzessinnenblume
*Tibouchina urvilleana*

**Wuchs:** 2 bis 3 m hoch; strauchförmig, aufrecht
**Blüte:** violett bis purpurviolett; von Juli bis September
**Standort:** sonnig und warm; in großem Kübel
**Pflege:** regelmäßig gießen (kalkarmes Wasser); wöchentlich düngen; Jungpflanzen regelmäßig stutzen, ältere im Frühjahr und Frühsommer mehrmals zurückschneiden
**Überwinterung:** hell, bei 10 °C

## Torenie, Blaumäulchen
*Torenia fournieri*

**Wuchs:** 15 bis 30 cm hoch; kriechend und hängend
**Blüte:** blau, violettblau; auch zweifarbig; Blüten in Ober- und Unterlippe geteilt; von Mai bis September
**Standort:** halbschattig, warm und windgeschützt; humose, wasserdurchlässige Erde
**Pflege:** regelmäßig gießen und düngen; Verblühtes entfernen; frühzeitig entspitzen
**Überwinterung:** wächst einjährig

## Verbene, Eisenkraut
*Verbena-Cultivars*

**Wuchs:** 25 cm hoch; aufrecht oder leicht überhängend; Hänge-Verbenen bilden lange, starkwüchsige Triebe
**Blüte:** blau, violett, rot, weiß, rosa; von Juni bis Oktober
**Standort:** sonnig bis halbschattig; windgeschützt
**Pflege:** regelmäßig gießen; wöchentlich düngen; regelmäßig Verblühtes entfernen
**Überwinterung:** wächst einjährig

## Stiefmütterchen
*Viola × wittrockiana*

**Wuchs:** 15 bis 25 cm; aufrecht
**Blüte:** weiß, rot, orange, blau, gelb, pink, braun, mehrfarbig, groß- und kleinblumig; von März bis Juni und von September bis Frostbeginn
**Standort:** sonnig bis halbschattig
**Pflege:** bei Trockenheit gießen; Staunässe vermeiden; während der Blüte 14-tägig düngen; Verblühtes entfernen
**Überwinterung:** im Freien, mit Reisig abdecken

# Adressen

## BEZUGSQUELLEN

Seite 11: Gartenschere
Seite 25: Rasenmäher
**Wolf-Garten GmbH & Co. KG**
Industriestr. 83–85
57518 Betzdorf
www.WOLF-Garten.com

Seite 18: Töpfe
Seite 73: Weidenkorb-Set
**Grüne Erde**
Frauenstraße 6
80469 München
☎ 0 89/12 00 99-0
www.grueneerde.de

Seite 18: Rauenberger Terrakotta
**Trost Terracotta**
Bottstraße 1
69231 Rauenberg
☎ 0 62 22/65-1
www.rauenberger-
terracotta.de

Seite 19: Terrakotta
Seite 49: Glasierter Kübel
Seite 80: Goblin
Seite 83: Feuerschale aus
Terrakotta
**Kehrle Accente
(Eschbach GmbH)**
Monte da Vinci
53819 Neunkirchen/Siegburg
☎ 0 22 47/96 93-0
www.eschbach-accente.de

Seite 45: Holzbank
Seite 75: Teakholzpflege
**Weishäupl Möbelwerkstätten
GmbH**
Neumühlweg 9
83067 Stephanskirchen
☎ 0 80 36/90 68-0
www.weishaeupl.de

Seite 46/47: Bausätze
**Göttinger Werkstätten GmbH**
Elliehäuser Weg 20
37079 Göttingen
☎ 05 51/5 06 52 50
E-Mail: Laden@
Goettinger-Werkstaetten.de

Seite 49: Wasser-Spritzpark
**Jako-o**
96475 Bad Rodach
☎ 0180 5 24 68 10
www.jako-o.de

Seite 80: Kleine Schwester
**Die Gartengalerie**
Wössinger Straße 15
75045 Walzbachtal-
Wössingen
☎ 0 72 03/18 05
www.gartengalerie.de

## OBST- UND ZIERGEHÖLZE

**Baumschulprodukte Herr GmbH**
Baumschulenweg 19-25
53340 Meckenheim
☎ 0 22 25/9 20 80

**Baumschule Klaus Ganter**
Forchheimer Straße/Baumweg 2
79369 Whyl am Kaiserstuhl
☎ 0 76 42/10 61
www.ganter-baden.de

**Häberli Obst- u. Beerenzentrum
GmbH**
9/957 Wittighausen
☎ 0041/(0)71 474 70-87
www.haeberli-beeren.ch

## RHODODENDREN

**INKARHO GmbH**
Brannenweg 5a
26160 Bad Zwischenahn
www.inkarho.de

## CLEMATIS

**Clematis-Westphal**
Peiner Hof 7
25497 Prisdorf
☎ 0 41 01/7 41 04
www.clematis-westphal.de

## KRÄUTER UND
DUFTPFLANZEN

**Kräuter- u. Staudengärtnerei
Mann**
Schönbacher Str. 25
02708 Lawalde
☎ 0 35 85/40 37 38
www.staudenmann.de

**Rühlemanns Kräuter u.
Duftpflanzen**
Auf dem Berg 2
27367 Horstedt
☎ 0 42 88/92 85-58
www.ruehlemanns.de

**Kräuterey Lützel**
Im Stillen Winkel 5
57271 Hilchenbach
☎ 0 27 33/38 46
www.kraeuterey.de

**Syringa Duft- u. Würzkräuter**
Bachstraße 7
78247 Hilzingen-Binningen
☎ 0 77 39/14 52
www.syringa-samen.de

**Blumenschule Engler
& Friesch**
Augsburger Straße 62
86956 Schongau
☎ 0 88 61/73 73
www.blumenschule.de

**Kräuter im Brunnenhof**
Kornstraße 61
88370 Ebenweiler
☎ 0 75 84/32 22
www.brunnehof-kraeuter-und-
mehr.de

**Gärtnerei Treml**
Eckerstraße 32
93471 Arnbruck
☎ 0 99 45/90 51 00
www.pflanzentreml.de

## STAUDEN

**Staudengärtnerei Ernst Pagels**
Deichstraße 4
26789 Leer
☎ 04 91/32 18

**Staudengärtner Klose**
Rosenstraße 10
34253 Lohfelden/Kassel
☎ 05 61/51 55 55
www.staudengaertner-klose.de

**Staudengärtnerei
Arends Maubach**
Monschaustraße 76
42369 Wuppertal-Ronsdorf
☎ 02 02/46 46 10
www.arends-maubach.de

**Kayser & Seibert**
Wilhelm-Leuschner-Straße 85
64380 Roßdorf
☎ 0 61 54/90 68
www.kayserundseibert.de

**Staudengärtnerei
Gräfin von Zeppelin**
79295 Sulzburg-Laufen
☎ 0 76 34/6 97 16
www.graefin-v-zeppelin.com

**Staudengärtnerei
Dieter Gaissmayer**
Jungviehweide 3
89257 Illertissen
☎ 0 73 03/72 58
www.staudengaissmayer.de

## ROSEN

**BKN Strobel**
über Rosarot Pflanzenversand
Besenbek 4b
25335 Raa-Besenbek
☎ 0 41 21/42 38 84
www.rosenversand24.de

**W. Kordes' Söhne**
Rosenstraße 54
25365 Klein Offenseth-
Sparrieshoop
☎ 0 41 21/4 87 00
www.kordes-rosen.com

**Rosen Welt Tantau**
Tornescher Weg 13
25436 Uetersen
☎ 0 41 22/70-84
www.rosen-tantau.com

**Noack Rosen**
Im Fenne 54
33334 Gütersloh
☎ 0 52 41/2 01 87
www.noack-rosen.de

**Rosenhof Schultheis**
61231 Bad Nauheim-
Steinfurth
☎ 0 60 32/8 10 13
www.rosenhof-schultheis.de

**Rosen Union**
Steinfurther Haupt-
straße 27
61231 Bad Nauheim-
Steinfurth
☎ 0 60 32/96 53 01
www.rosen-union.de

**David Austin Roses Ltd**
Bowling Green Lane
Albrighton
Wolverhampton WV7 3 HB
Großbritannien
www.davidaustinroses.com

## ZWIEBELBLUMEN

**Albert Treppens**
Berliner Straße 84–88
14169 Berlin-Zehlendorf
☎ 0 30/8 11-33 36
www.treppens.de

**Horst Gewiehs**
Blumenzwiebel-Import u.
Großhandel
37285 Wehretal
☎ 0 56 51/33 62-49

## SAATGUT

**Quedlinburger Saatgut**
Neuer Weg 21
06484 Quedlinburg
☎ 0 39 46/90 40
www.quedlinburger-saatgut.de

**Sperling**
über B. Gassmann
Im Saal 13
21423 Winsen/Luhe
☎ 0 41 71/7 34 53
www.gassmann-
samenversand.de

**Thysanotus-Samenversand**
Schulweg 21
28876 Oyten
☎ 0 42 07/57-08
www.thysanotus-
samenversand.de

Thompson & Morgan
36243 Niederaula
☎ 0 40/61 19 39 93
www.thompson-morgan.com

Gärtner Pötschke GmbH
Beuthener Straße 4
41561 Kaarst
☎ 0 18 05/86-11 00
www.gaertner-poetschke.de

Nebelung/Kiepenkerl
über Erfurter Saatguthaus,
Rhenania GmbH
Im Weidboden 12
57629 Norken
☎ 01 80/56 60 08-0
www.erfurter.de

Baldur-Garten
Elbinger Straße 12
64625 Bensheim
☎ 0 18 05/10 35-11
www.baldur-garten.de

Chrestensen
Erfurter Samen- und Pflanzen-
zucht
Postfach 854
99079 Erfurt
☎ 03 61/22 45-0
www.chrestensen.de

**ROLLRASEN**

RASENLAND
Krostitz G.B.R.
Mutschlenaer Straße 14
04509 Krostitz
☎ 03 42 95/7 13-88

RASENLAND Pattensen
Pattensener
Rasenschule G.B.R.
Lüderser Weg 35
30982 Pattensen
☎ 0 51 01/91 53-51

RASENLAND
Rottorf G.B.R.
Rittergut Rottorf
Sunstedter Straße 5
38154 Königslutter am Elm
☎ 0 53 53/91-08 94

**NÜTZLINGE**

Flora Nützlinge
Wulkower Weg
15518 Hangelsberg
☎ 03 36 23/5 93-63
www.katzbiotechservices.de

W. Neudorff GmbH KG
Postfach 1209
31860 Emmerthal
☎ 0 51 55/6 24-0
www.neudorff.de

SAUTTER & STEPPER
Rosenstr.19
72119 Ammerbuch
☎ 0 70 32/95 78-30
E-mail: info@nuetzlinge.de

**BODENUNTER-
SUCHUNGSANSTALTEN**

Landeslabor Brandenburg
Landwirtschaftliche Chemie
Templiner Str. 1
14473 Potsdam

Hessisches Dienstleistungs-
zentrum für Landwirtschaft,
Gartenbau und Naturschutz
Am Versuchsfeld 13
34128 Kassel

Labor Dr. Balzer
Oberer Ellenberg 5
35083 Wetter-Amonau
☎ 0 64 23/31 97
www.labor-balzer.de

Blieskasteler Umweltlabor
Bliesgaustraße 58
66440 Blieskastel
☎ 0 68 42/53 60 15
www.blieskasteler-
umweltlabor.de

Landesanstalt für land-
wirtschaftliche Chemie
Bodenabteilung
Emil-Wolff-Str. 14
79599 Stuttgart

Bayer. Landesanstalt für
Landwirtschaft
Abteilung Qualitätssicherung
Vöttinger Str. 28
85354 Freising

**WEITERE ADRESSEN FÜR
ACCESSOIRES UND MÖBEL**

Car Selbstbaumöbel
Gutenbergstraße 9a
24558 Henstedt-Ulzburg
☎ 0 41 93/75 55-0
www.car-moebel.de

Pötschke Ambiente
41561 Kaarst
☎ 0 18 05/9 11-5 08
www.poetschke-ambiente.de

Country Garden
Nagolderstraße 27
72119 Ammerbuch-Pfäffingen
☎ 0 70 73/23 72
www.country-garden.com

Blattwerk/Stiftung Liebenau
Siggenweilerstraße 11
88074 Meckenbeuren
☎ 0 75 42/10-11 95
www.blattwerk-versand.de

# Register

Fett markierte Seitenzahlen ver-
weisen auf Abbildungen.

## Bildnachweis

Mit 419 Farbfotos von:
**Katharina Adams**, Linnich-Hottorf: 102 uMi; **David Austin Roses Ltd.**, GB-Wolverhampton: 95 ure; **Fotoagentur Baumjohann GbR**, Hameln: 72 (alle vier); **BKN Strobel**, Holm/Kreis Pinneberg: 94 o, 94 uMi; **Helga Buchter-Weisbrodt**, Rödersheim-Gronau: 124 ure, 125 ore; **Clematis-Westphal**, Prisdorf: 37 ure, 96 ure; **Die Gartengalerie/ Monika Tittlbach**, Walzbachtal-Wössingen: 80 Mire; **Otmar Diez**, Sulzthal: 53; **Dyrup/Bondex**: 75 ore, 75 uli, 75 ure; **Eschbach GmbH**, Neunkirchen/Siegburg: 19 (alle fünf), 49 oli, 80 oli, 83 ure; Flora Press, Hamburg: 82, 83 ore, 82; **Gardena, Kress & Kastner GmbH**, Ulm: 22 oli; **GartenBildAgentur/Didillon**, Au/Hallertau: 65 re; **Garten-BildAgentur/GPL**, Au/Hallertau: 27 ure, 57 ure; **GartenBildAgentur/ Noun**, Au/Hallertau: 9; **Grüne Erde GmbH**, München: 18 o, 73 ure; **Gartenschatz**, Stuttgart: 5 u, 98 uli, 37 uMi, 66, 86 ure, 87 oMi, 87 ore, 87 uli, 88 o, 88 oMi, 88 ore, 88 uli, 88 uMi, 89 oli, 89 ore, 89 uli, 89 uMi, 89 ure, 90 oil, 90 oMi, 90 ore, 90 uli, 90 uMi, 90 ure, 91 oli, 91 oMi, 91 ore, 91 uMi, 91 ure, 92 uli, 92 uMi, 92 ure, 93 oMi, 93 ore, 93 uli, 93 uMi, 93 ure, 96 o, 96 uMi, 97 (alle sechs), 98 (alle vier), 99 (alle sechs), 100 oli, 100 oMi, 100 ore, 100 uMi, 100 ure, 101 (alle sechs), 102 o, 102 uli, 102 ure, 103 (alle sechs), 104 (alle sechs), 105 oli, 105 oMi, 105 ore, 105 uli, 105 ure, 106 oli, 106 oMi, 106 ore, 106 uli, 106 ure, 107 (alle sechs), 108 (alle sechs), 109 (alle sechs), 110 (alle vier), 111 ore, 111 uli, 111 uMi, 111 ure, 112 oli, 112 oMi, 112 uli, 112 uMi, 112 ure, 113 oli, 113 uli, 113 ure, 114 uli, 114 uMi, 114 ure, 115 (alle sechs), 116 (alle vier), 117 (alle sechs), 118 oli, 118 oMi, 118 ore, 118 uli, 118 uMi, 119 (alle sechs), 120 o, 120 uli, 121 oli, 121 oMi, 121 ore, 121 uli, 122 uli, 122 uMi, 122 ure, 123 ore, 124 uli, 124 uMi, 125 oMi, 126 (alle vier), 127 oli, 127 oMi, 217 ore, 217 uli, 127 ure, 128 oMi, 128 ore, 128 uli, 129 (alle sechs), 130 oli, 130 oMi, 130 uli, 130 uMi, 131 oMi, 131 ore, 131 uli, 131 uMi, 131 ure, 132 oli, 132 ore, 132 uli, 132 uMi, 132 ure, 133 (alle sechs); **Häberli Obst- und Beerenzentrum AG**, CH-Neukirch-Egnach: 123 uli, 123 uli, 123 uMi; Inge Helm, Freiburg: 74 u; **Ines Heim/Ingmar Macziola**, Freiburg: 74 oli; **INKARHO GmbH**, Zwischenahn: 23 u, 25 ure; **Jako-o**, Bad Rodach: 49; **Kientzler GmbH & Co. KG**, Gensingen: 106 uMi, 128 oli, 128 ure, 130 ore; **Kiepenkerl/Bruno Nebelung GmbH & Co.**, Everswinkel: 12 uli; **killius-media/Horst Killius**, Offenburg: 54 (beide), 55 (alle vier); **W. Kordes' Söhne**, Klein Offenseth-Sparrieshoop:95 oli, 95 ore; **Roland Krieg**, Waldkirch: 52; **Botanikbildarchiv Laux**, Biberach/Riß: 118 ure; **Living Art**, Hamburg:78 (alle drei), 79 (alle drei); **Mein schöner Garten/ Bodo Butz**, Offenburg: 5 o, 10, 11 o, 11 u, 12 ore, 14, 15 ure, 23 ore, 38 (beide), 39 (alle vier), 42 (beide), 43 (alle drei), 46 (beide), 47 (alle drei), 68 (alle vier), 69 (beide); **Mein schöner Garten/Christoph Düpper**, Offenburg: 20 (beide), 21 (alle vier), 62 (beide), 63 (alle vier), 80 (alle vier), 81 (alle vier); **Michael Mögle**, Stuttgart: 93 oli; **Noack Rosen**, Gütersloh: 94 ure, 95 oMi; **Octopus Publishing Group Ltd/Marc Bolton**, GB-London: 58 (beide), 59 (alle drei); **Wolfgang Redeleit**, Bienenbüttel: 25 oli, 48 (alle drei), 49 uli, 49 ure, 60, 86 o, 111 oMi, 120 ore, 122 ore, 123 oli; **Reinhard-Tierfoto**, Heiligkreuz-steinach-Eiterbach: 40, 41, 41, 112 ore, 113 uMi, 114 o, 127 uMi; **Reinhard-Tierfoto/Hans Reinhard**, Heiligkreuzsteinach-Eiterbach: 4, 13, 15 ore, 18 u, 24, 26 ure, 27 ore, 27 Mili, 28 re, 45 Mi, 50, 50, 60, 67, 71 uli, 71 uMi, 71 ure, 73 oli, 76 oli, 86 uli, 86 uMi, 87 oli, 87 uMi, 87 ure, 88 ure, 89 oMi, 105 uMi, 111 oli, 113 oMi, 113 ore, 120 uMi, 121 uMi, 121 ure, 123 uMi, 124 o, 128 uMi, 130 ure, 131 uli; **Reinhard-Tierfoto/Nils Reinhard**, Heiligkreuzsteinach-Eiterbach: 27 oMi, 91 uli, 96 uli; **Manfred Ruckszio**, Taunusstein: 77, 92 o, 125 ure; **Christian Schultheis**, Bad Nauheim-Steinfurth: 95 uMi; **Friedrich Strauß**, Au/Hallertau: 22 ure, 29, 57 oli, 65 li, 71 ore; **Syngenta Seeds GmbH**, Kleve: 122 oli, 122 oMi, 123 oMi, 123 uli, 123 ure; **Rosen Tantau**, Uetersen: 94 uli, 95 uli; **Alice Thinschmidt/Daniel Böswirth**, A-Wien: 26 oli, 64, 84/85; **Thompson & Morgan**, Niederaula:15 uli, 100 uli; **Annette Timmermann**, Stolpe: 2/3, 6/7, 17, 34/35, 44 oli, 45 ure, 56, 76 ure; **Weishäupl Möbelwerkstätten GmbH**, Stephanskirchen: 44 uli, 75 uli; **Wolf-Garten GmbH & Co. KG**, Betzdorf: 11 Mi re, 25 Mi.

Mit 30 Illustrationen von:
**Ruth Fritzsche**, Offenburg: 17 (alle drei); **Reinhild Hofmann**, München: 8 (beide), 9 (beide), 36, 37, 40 (alle vier), 51, 53, 60, 61, 70, 77; **Wolfgang Lang**, Grafenau-Döffingen: 16 (alle vier), 66 (alle drei), 67; **Horst Lünser**, Berlin: 14; **Mein schöner Garten/Claudia Schick**, Offenburg: 29 (beide).

## Impressum

Umschlaggestaltung von Atelier Reichert, Stuttgart.
Umschlagvorderseite mit 7 Fotos von: Gartenschatz, Stuttgart (oben links, Mitte rechts, unten links), Alice Thinschmidt/Daniel Böswirth, A-Wien (oben rechts), Annette Timmermann, Stolpe (Mitte links, unten rechts), Kientzler GmbH, Gensingen (Einklinker, Mitte). Umschlagrückseite mit 2 Fotos von Gartenschatz, Stuttgart.

Mit 419 Farbfotos und 30 Farbillustrationen.

Bibliografische Informationen der Deutschen Bibliothek
Die Deutsche Bibliothek verzeichnet diese Publikation in der Deutschen Nationalbibliografie; detaillierte bibliografische Daten sind im Internet über http://dnb.ddb.de abrufbar.

Gedruckt auf chlorfrei gebleichtem Papier

1. Auflage
© 2004 Franckh-Kosmos Verlags-GmbH & Co. KG, Stuttgart
Alle Rechte vorbehalten
ISBN 3-440-10172-X
Redaktion: Carolin Krank
Produktion: Siegfried Fischer
Grundlayout: Atelier Reichert, Stuttgart
Printed in Germany / Imprimé en Allemagne

Die Blütenfarben sind sortenabhängig, daher können auch Farben auf dem Markt sein, die im Buch nicht genannt werden. Die Blütezeiten sind ebenfalls sortenabhängig, aber auch klima- und standortabhängig. Die angegebenen Wuchshöhen und -breiten der Pflanzen sind Mittelwerte. Sie können je nach Nährstoffgehalt des Substrates variieren. Verschiedene Sorten können deutlich größer oder auch kleiner wachsen als die Art.

Alle Angaben in diesem Buch sind sorgfältig geprüft und geben den neuesten Wissensstand bei der Veröffentlichung wieder. Da sich das Wissen aber laufend in rascher Folge weiterentwickelt und vergrößert, muss jeder Anwender prüfen, ob die Angaben nicht durch neuere Erkenntnisse überholt sind. Dazu muss er zum Beispiel Beipackzettel zu Dünge-, Pflanzenschutz- bzw. Pflanzenpflegemitteln lesen und genau befolgen sowie Gebrauchs-anweisungen und Gesetze beachten.

Informationen senden wir Ihnen gerne zu

Bücher · Kalender
Experimentierkästen · Kinder-
und Erwachsenenspiele

Natur · Garten · Essen & Trinken
Astronomie · Hunde & Heimtiere
Pferde & Reiten · Tauchen
Angeln & Jagd · Golf
Eisenbahn & Nutzfahrzeuge
Kinderbücher

KOSMOS

Postfach 10 60 11
D-70049 Stuttgart
TELEFON +49 (0)711-2191-0
FAX +49 (0)711-2191-422
WEB www.kosmos.de
E-MAIL info@kosmos.de